壶山兰水话幸福

变害为利造福人民的木兰溪实践

中国水利报社
福建省莆田市河长制办公室 编著

·北京·

图书在版编目（CIP）数据

壶山兰水话幸福 / 中国水利报社，福建省莆田市河长制办公室编著. -- 北京 : 中国水利水电出版社，2024. 8. --（变害为利造福人民的木兰溪实践）.
ISBN 978-7-5226-2317-7

Ⅰ. I217.1

中国国家版本馆CIP数据核字第20245BY073号

书　　名	变害为利造福人民的木兰溪实践② ——壶山兰水话幸福 BIANHAI WEILI ZAOFU RENMIN DE MULAN XI SHIJIAN②——HUSHAN LANSHUI HUA XINGFU
作　　者	中国水利报社　福建省莆田市河长制办公室　编著
出版发行	中国水利水电出版社 （北京市海淀区玉渊潭南路1号D座　100038） 网址：www.waterpub.com.cn E-mail：sales@mwr.gov.cn 电话：（010）68545888（营销中心）
经　　售	北京科水图书销售有限公司 电话：（010）68545874、63202643 全国各地新华书店和相关出版物销售网点
排　　版	中国水利水电出版社微机排版中心
印　　刷	北京印匠彩色印刷有限公司
规　　格	170mm×240mm　16开本　28.75印张（总）　442千字（总）
版　　次	2024年8月第1版　2024年8月第1次印刷
印　　数	0001—1200册
总 定 价	**188.00**元（共两册）

丛书编委会

本书编委会

前言

FOREWORD

水是生存之本，文明之源。

全面推行河湖长制，是以习近平同志为核心的党中央从生态文明建设和经济社会发展全局出发作出的重大决策，是促进河湖治理保护的重大制度创新，是维护河湖健康生命、保障国家水安全的重要制度保障。

莆田市水系发达，河网密布，共有市县乡河道451条，总长2069千米。其中，木兰溪全长105千米，流域面积1732平方千米，是莆田人民的“母亲河”。曾经，木兰溪水患频发，老百姓谈溪色变。1999年，时任福建省委副书记、代省长的习近平提出：“要变害为利、造福人民”，并决定彻底根治木兰溪水患。25年来，莆田市坚持不懈治水，一张蓝图绘到底，一任接着一任干，木兰溪实现华丽蝶变，被评价为“新中国水利史上‘变害为利、造福人民’的生动实践”“建设美丽中国的生动范本”“生态文明的木兰溪样本”。

2014年起，莆田市开始实施河长制，2017年全面推行河长制，全市各级各相关部门以河长制、河长日为抓手，以木兰溪全流域系统治理统揽生态文明建设，以建设造福人民的幸福河湖为目标，打造人与自然和谐共生的生态河、智慧河、幸福河，让群众悦享家门口的“诗和远方”。2017年，木兰溪获评首届全国十大“最美家乡河”；2022年，莆田市河湖长制工作因推进力度大、成效明显，获国务院督查激励。

2024年是习近平总书记“3·14”重要讲话发表10周年，也是习近平总书记亲自擘画推动木兰溪治理25周年。当前，莆田市正在全面贯彻落实党的二十大精神和党的二十届三中全会精神，秉承习近平总书记治理木兰溪的重要理念，以木兰溪综合治理为总抓手，推进幸福河湖建设，引领全域绿色高质量发展。

为记录莆田木兰溪治理和幸福河湖建设取得的显著成效，献礼木兰溪治理25周年，中国水利报社与莆田市河长制办公室共同编写了本套丛书。丛书共分为两册，分别为《荔林水乡幸福长》和《壶山兰水话幸福》。《荔林水乡幸福长》精选汇编莆田市及各县、区（管委会）河湖长制工作典型案例；《壶山兰水话幸福》精选汇编莆田市幸福河湖征文优秀作品。希望通过本丛书，与大家共同见证木兰溪“变害为利、造福人民”的历史进程，共同见证一条河流、一个流域、一座城市在中国共产党领导下的沧桑巨变。

编委会

2024年8月

目录

CONTENTS

幸 福 兰 溪

木兰溪的晚风

许怀中

划龙舟的锣鼓声，从远处的江边隐隐约约传来端午节的信息。童年从鼓浪屿海滨回到故乡木兰溪畔，在母亲河默默流淌中，度过少年儿童的岁月。木兰溪就像一条长流不息的心河，潺潺而流。我又一次沐浴着木兰溪的晚风。

故乡仙游成立蔡襄文化研究院，我应邀参加成立大会。蔡襄是从木兰溪走出来的宋代历史名臣、文化名人。我把他辉煌的一生概括成：为民施了许多德政，政绩显赫的良臣；撰写了不少诗文名篇，文艺创作成就斐然的宋代四大书法家之一、文艺家；著有著名茶文化书籍《茶录》，精通桥梁建筑，科学研究成果卓著的学者专家；刚直不阿、不畏权贵、高风亮节，是后人学习的楷模。

在蔡襄故里成立研究机构，是一件顺乎民心的文化盛事。

回故乡，回忆木兰溪往事。在仙游师范（简称仙师）教学的亲戚，陪我到仙师宿舍看望一位文化老人。当我走进曾经熟悉的校园，她的变化使我感到陌生。我和这座培养教师的摇篮之间，连系着割不断的情感丝缕。

仙师校址就是我在故乡念书时的文虎小学。我的哥哥、姐姐和堂姐等都是这所学校毕业的师范生。我念的虽是仙游高中，仙师却有我许多文友。20 世纪 60 年代，父母搬回仙师附近的飞钱巷老屋居住。“文化大革命”时期，我曾从厦大（厦门大学）回故乡当“逍遥派”，飞钱巷老屋已破烂不堪，又拥挤得住不下，正好姐姐从云南回来探亲，便由她在仙师借一间教师宿舍给我暂住。我从家门口出巷尾，走过一小段田园阡陌，便进仙师的后门。当时学生停课，整座校园静悄悄的，我就“两耳不闻窗外事”，躲进小楼埋头苦读《鲁迅全集》。下午时分，楼下会传来学生练钢琴的琴声，那阵阵悦耳的琴声，犹如木兰溪清澈的溪水，缓缓地、轻轻地流淌过我那时干涸的心田。

流年似水，这些年欣赏过不少名家弹过的钢琴，听过不少场演出时的琴声，然而只有这莘莘学子弹的琴声，至今犹回荡心河。回想来真感遗憾：当时住在二楼，为什么不下楼看看练琴的“学子”？那时大家都已无心向学，他（她）为何还有心情练琴？如今永远也见不到弹琴者了。可以想象，如果当年的她是一位正值豆蔻年华的少女，现在也是个将近六旬的老妇了。此次不期然地走进校园，陪同者无意间告诉我：原来的校舍拆掉不少，旁边那座钢琴楼却没有被拆掉。蓦然回首，她就在灯火阑珊处。

夕阳熔金，故乡挚友和我沿着木兰溪畔的溪边公园漫步。木兰溪在五颜六色的灯光中无语东流。近年仙游县开辟的这个公园，为市民带来一个游览休闲的场所，也为母亲河挂上一条美丽的项链。缓步河边，夜景如画。择条石凳坐下，沐浴着春夜的晚风。河风是如此的轻柔，如此的清凉，如此的清新，多么迷人的溪畔夜晚！眺望这三座标志不同时代和时期的木兰桥：第一座是古桥，留下我多少足迹。在桥边浓荫下看龙舟比赛的情景，依然在目。第二座是中华人民共和国成立后新建的，比原来古桥宽敞了。第三座是改革开放后的产物，如彩虹横跨溪面，灯光十色，映照得波光潋滟。好友告诉我原来有条独木桥，是通往农村霞苑的。我想起小时和哥姊去霞苑姑姑家玩，就走过这条独木桥，那时过桥的心跳，还留在记忆中。

溪风依旧，人事非昨。记得有个暑假，父亲带我到南门桥下，坐船到莆田，看不尽两岸风光。从小就在溪中游泳，溪中一条条遍体透明的小鱼，在身边游来游去，人鱼同乐。我曾和在家乡一同念小学的孩子同游木兰溪。不知怎的，那时似乎看不到游泳者，和小时游泳的情景截然不同。尤为难忘，是将过春节跟随母亲和她的妯娌们在溪里浣衣，在溪边玩水，其乐无穷。木兰溪写着无数的童真和童趣。

木兰溪曾经受过严重的污染。近年县里花力气在整治，溪水慢慢恢复了清澄。祝母亲河永远年轻、美丽。

（作者系中共福建省委宣传部原副部长兼省原文化厅厅长、省文联原主席）

溪河沟圳梦正圆

朱谷忠

已是初夏，回到儿时就常去的涵江，心里泛起一阵阵难抑的乡情。

尽管有不少街市、河沟、田园早已不是当时的模样，但走在路上或巷中，每每听到那些带着海味的地名，镇海、宁海、鳗巷……脑海就会倏地浮现旧时那些熟悉、繁闹的画面。犹记得这些地方，溪河沟圳清澈见底的水流上，一艘艘载货的舟船顺水而下，穿行于一座座古老的拱桥、石桥——老一代的涵江人几乎全都傍水而居，艰辛奋斗，赢来港口的发展和商业的繁荣，集镇也形成规模，从而被外来人称为“东方的威尼斯”……

的确，在涵江，若要讲起关于水的故事，几天几夜也讲不完。

这一次，我回涵江采访，不禁想到：如今的涵江人，还在讲述水故事吗？

河水涣涣，水路迢迢。时代天翻地覆，教人不得不承认，现在已很难看见古锦古绣般的旧时涵江了——所幸，文明的碎屑和历史的遗迹犹存。充满水的故事的涵江，还在继续诉说着她的变迁，见证涵江的发展。因为，水是这里的诗，是这里的梦；到这里的人，谁敢轻慢这里的水呢？

现在看来，涵江确备西部之形胜，颇具滨海之风韵，随水而形，依水建镇；人汲水而生，亦商亦农；地依水而伸，宜渔宜果，赤橙黄绿，满眼都是色彩的紧凑与生动。

然而，一段时期，整个水系的一些沟圳，水资源被肆意掠夺的现象时有发生，且愈演愈烈。沟的气度、圳的谦恭，被无情地踩到脚下。于是，卡脖子河道出现了，河沟被任意取直或填平，曾经碧绿的水，逐渐变脏变黑了……

而今，按照省市统一部署，涵江区已经全面推行河长制工作。单说河长制，已实现了三个落实到位——工作机制、机构人员和资金落实到位，并开展辖区河流全面普查和全面清障两项专项行动。

我回来的这一天，全区正在开展新一轮整治，在城区周边主要河道，重点进行清理水面及沿岸垃圾、阻洪围堰、网箱养殖等。

这次采访，我将首站放在白塘镇安仁村溪口河。

还记得早上刚到时，我便看见道路上停放着几辆货车，车上装满淤泥、石块等垃圾；河岸上，两台挖掘机正在抓紧施工。沿着河面望去，工作人员正驾驶着小船在清理渔网、网箱等各类障碍物。

我从拿到的简报上获知：清障点安仁村溪口河白塘段全长 2.8 千米。此次清障主要针对渔网、网箱等各类行洪障碍物、违占河道种植和搭建，以及河面垃圾漂浮物。随之听陪同的人介绍，下一步，将开展辖区河道建坡和岸边绿化、保洁等常态化工作，落实河长制要求，确保岸绿水清。

无疑，这是城涵河道两岸为再现“东方威尼斯”如画景观风貌的一次会战。它依托的正是四通八达的河网水系，以及区域原有的自然条件和生态基底等优势，进而塑造自身古朴与现代融合的境界。

“像保护眼睛一样保护生态环境，像对待生命一样对待生态环境，让生产方式、生活方式，给自然生态留下休养生息的时间和空间。”这是新时代发给所有人的动员令！

值得称道的是，生活和劳作在水网上的农民，多少年来，无论白天黑夜，他们总是把心搁在河道、田沟上，搁在泥土、庄稼中。即使在春意萦绕的日子里，他们也没有闲心去漾开姹紫嫣红的思绪，而是头顶三两疏星，到下弦月映照下的河闸去看水、放水。春寒中的护秧，炎阳下的捕鱼，金秋时的收割，冬霜里的清淤……所有的劳作，都是为了乡村的振兴；而一年四季，为保护生态，每个人又备尝了多少的艰辛！

终于，众心协力，涵江人留住了河沟，留住了树林，以及那些千娇

百媚的花草、姿态各异的飞禽——这原本就是它们的天堂和乐园。

“河长制，河长治”，这是时下的热词。记得不久前，我与相熟的涵江区原区长连向红通电话。她热情地向我介绍说：“有机会多来涵江走走。现在，保护良好的生态环境，就是最普惠的民生福祉。我们正多方解决有关环境问题，不断满足人民日益增长的优美生态环境需要，把好山好水好风光融入城市，彰显文献名邦的城市特色，建设区域均衡、城乡一体的美丽莆田，这是老百姓心中的夙愿。”

眼下，秀美整洁的涵江村貌确实让人眼前一亮，走到那里，都能听见树丛里的鸟、草丛中的蛙发出的妙曼声音；潺潺流水所经之处，无不带着丝丝凉意；薰风过处，果林、花草，令人陶醉……漫步村道，“河畅，水清，岸绿”及“耕心种德”“耕读传家”的墙画一一掠过，真叫人有一种时空转换之感。

回到涵江宾馆，站在窗前眺望，感慨涌上心头：千百年来，由木兰溪衍生的涵江的河流，也和其他水域的溪河一样，目睹了莆田文明的演进，见证了沧海桑田，驻留了数不尽的珍贵记忆；如今，坚持生态惠民、生态利民、生态为民，不断满足人民日益增长的优美生态环境需要，不也为溪河沟圳圆满了它们原本的梦想？

（作者系福建省作家协会原副主席、秘书长）

源

杨鹏飞

在迤逦青翠的戴云山脉东南坡，暖风轻轻地拂过每一个山头。林间的小鸟分明在揣摩着春的心意，时而贴耳呢喃，时而大声欢笑，嬉戏追逐于飘柔如纱的晨岚之间。

怡然自得的春山高处，一股清泉，千年万年地从一片松林的根下涓涓流出，左顾右盼般地流连于上下两个浅洼之中，款款地扭着腰肢，搅起微微的涟漪，犹如出闺少女，比肩接踵，携手凭栏，远眺着山外的万里云空。心头涌动着即将远走高飞的激动，想象着山下的春夏秋冬，大海的波涛帆樯。

这就是网红打卡地——木兰溪源头。思之遥远神秘，见过便明白其闻名遐迩的原因了。

有人说，早在远古时候，有一仙人行到此处，遥望前方数十里层峦叠嶂，鸟语花香，紫气东来，林梢山垅间，无险恶之象。复往前远看，数百里平川，列西东南北，直到山根。蒲草桑麻繁生，桂圆荔果遍布；骏马腾于金滩，凤凰翔于青峦；鹤影鹿声之外，千万里碧海连天，一轮旭日自波涛中冉冉升起……

这分明是一方宜仙宜人居住之地！仙人禁不住激动，举杖叩地，却见身边松根下，竟汩汩地淌出一股清泉来。仙人手一指，此泉竟顺着仙人指点方向，招呼群山中的奔流簇拥而去，百里不绝。从此，慈祥与甘甜，智慧与耿直滋养并陶冶于四千平方千米的土地上，成就了一千多年的莆仙风流。一方辉煌至今仍熠熠闪光于东海之滨，名邦莆阳之母亲河——木兰溪也为九州所瞩目。

溪源所出之地，便称为仙游山。三片村庄，如今几无旧瓦，一派富裕景象。亦有传说明代户部尚书郑纪出生于此地与度尾之间。在当地至今流传着许多郑纪热爱家乡的感人故事，以及随处可见的历史遗迹。

暮春时节，应家住仙游山的戴宝石先生之邀，阔别数十年后，我再次回到仙游山。此行唯一目的，就是探访木兰溪源头。

与仙游山人一样，我也是喝着木兰溪水长大的。作为莆田人，血液里流淌的尽是对木兰溪的爱恋与念想。我常常对儿辈们说，流过我心头的，除了长江、黄河便只有这心心念念眷顾的木兰溪了。也许正是因为这样，我这一生注定要与木兰溪源头有着割不断的别样情缘。

平生许多事竟与“思源”二字有关。41 年前的八月，我被组织派往木兰溪源所在地的仙游县西苑公社担任团委书记。到公社不久，便只身翻山越岭到仙游山了解三个村的团支部工作情况。仙游山与公社驻地的行程是一整天的山路。因此我便在这里驻村了近十天。当年的山区，无论是交通、通信、住宿等条件都相当有限。所有驻村干部都是就着煤油灯读书看报的。清晨起床须亲自到山边挑水，用自带的大米煮饭，按每月定量 28 斤粮票计算每餐下锅的大米量。薪柴也是自己上山采来晒干用的。那个时候的基层干部都觉得工作生活很快乐，没有半点怨言。唯一担忧的是工作任务能否顺利完成。

山乡艰苦的工作生活条件，对于我这个从农村到校门，又从校门到农村工作的农民子弟来说，早就习惯了。我十几岁便与世间的风风雨雨打过许多交道：到大山里掮杉几天几夜，上九鲤湖畔采樵半个秋天，每日往返数十里山路，在这样的日子里，年轻的我，只觉得饿，不觉得累。

驻仙游山十天，我亲眼目睹了山虎夜闯村庄留下的踪迹，以及村民为逮虎精心设下的巨大虎牢陷阱，见证了山乡人的不易与勤劳朴实。之后不久，我被选任为公社管委会副主任（副镇长），时年 27 岁，是莆田地区最年轻的公社副主任。因分管林业工作，我经常往返于公社驻地与仙游山之间，跋涉过不知道多少日日夜夜。可以说，我熟识仙游山的每一株老树，每一处村头。遗憾的是与村里的人们一样，当时并不知晓这里就是木兰溪的源头所在地。只知道这里的水很清，山很绿，人很好。

仙游山被确认为木兰溪源头，是近几年才传开的。

探寻源头奥秘，饮水思源，成为众多莆田人梦寐以求之旅。我便也趁着探访热潮，在季节将热未热之时，寻到了溪源的出泉处。

这里离我曾经走村入户的山道竟近在咫尺。伫立于思源亭中，喝一口兰水初泉，倏然间想起少时吸吮母乳的情景。心颤抖着，潸然泪下之际，眼前闪过慈母的身影，耳边依稀响起曾经听到的从多少人家窗口飘出的摇篮曲。母爱正是从少时慈亲的抚摸中被永久地刻入每个子女的骨髓中，传导至脑海的是自己成人后日日惦记着母亲的每一个笑容，每一丝忧愁，乃至于母亲年老后的每一声咳嗽，每一声病中呻吟，还有她的叨叨吩咐。天下人，即便是辜负自己，却不可辜负母恩！

孝悌之风以及与之同根相连的爱国爱乡精神，是中华五千年的文化瑰宝，亦是中华民族有别于世界上任何一个民族的伟大特征。其万丈光芒，始终闪耀在世界东方。无论是争先恐后为实现中华民族伟大复兴而奋斗，还是曾经的同仇敌忾、抵御抗击外侮，等等，都离不开爱国爱乡精神的激励与鞭策。跃然于中华儿女心头的就是“我不为家国，谁为家国”的赤子初心！先国后家，家国之恩同报，皆是男儿不可忘却的情怀。而虔报家恩，最重要的仍是报父母养育之恩。

亭外悄然间下起了淅淅沥沥的小雨。这也许是源头别样的留客心意。我走入雨中，似乎看到百里外的天马阁。记得当年我为天马阁作赋时曾写下这几句话：“殷殷赤子情，当酬壶兰之恋；虔虔孺牛志，知报故土之恩。”“今日喜作莆阳人，世代常吟兴化腔。”

当年我于年富力强时，毅然请求回故土效力，虽不好说是对是错，但多少蕴含着恋乡之情。几年后，在即将退休之前，首倡并主持修建了天马阁。期盼着能为家乡人登山时提供一处休憩之所，更为父老乡亲常登高台，遥看千古之木兰溪，与她同欢乐与她共忧愁，进而更好地激发出爱乡之情，为名邦雄邑不断的繁荣昌盛而奋发努力。

愿把此心愿献给永远奔流的木兰溪！

（作者系莆田市政协原主席）

一条木兰溪，半部莆田史

陈建平

莆田是一座溪海交融、与水共生、依水而长的城市。无疑，木兰溪是这座城中最古老的记忆方式。

明代周瑛、黄仲昭合纂的弘治《兴化府志》中，提及关于南北洋海滩、东西乡湿地形成的自然神力："溪与海相出入，山与水相吞吐，是谓冲阳和阴，血肉相连，此秀气所以结、人才所以生也。"用现在的话语，这样长年的"相出入"与"相吞吐"，就是海水"海积"与溪流"洪积"的叠加，其"鬼斧神工"的结果是，至魏晋南北朝时期，原莆田南北洋、仙游东西乡的前身之海滩湿地，已经伴着一阵阵海潮与溪流的和声，呈现在先民们面前了。

拨开历史迷雾，回望遥远的年代，如果伫立壶公山巅，当可目睹蒲草蔓延的海滩湿地中，莆田先人们蹒跚的身影。他们踩过泥泞，挥洒汗水，以堵水的土坝围垦起一圈圈田畴。渐渐地，草屋、池塘和草场出现了，温馨的炊烟在埭田环绕的草屋上升起，鸡鸣犬吠相互应和。

岁月推移，一埭、二埭、三埭、埭前、埭后、埭头、埭尾……更多埭田向周边拓展，就像墨迹在宣纸上悄悄地浸润开来；杂陈的草屋如山林间蘑菇次第冒出，逐渐聚合成一个个原始村落。清晨薄暮，一炷炷人间炊烟缠绕在原始村落上，升腾于壶公山、天马山、九华山、凤凰山山麓。

往事越千年，沧海变桑田。木兰溪下游两岸经过锲而不舍地冲积，加以先民们辛勤围垦耕耘，逐渐形成了425平方千米美丽富饶的南北洋

平原，也被称为莆田平原。这片丰腴的平原，饱经治水与耕耘的朴素濡沫，历史上就是八闽古府之一兴化军（又称兴安州、兴化路、兴化府）立基和壮大的根本。

河流与大地，相亲相拥；河流与乡土，相牵相连。得天独厚的自然禀赋，让木兰溪牵山担海，串联起丘陵山地、沟壑河谷、平原村野和海滨商埠，南北两岸以及支流河川逶迤千里，水系成网、荔林成带，小桥流水、阡陌交通，哺育了355万勤劳勇敢的莆田人民。

大山记忆，长河叙事。莆田人素以“壶山兰水”指代自己的家乡，其中的“壶山”指壶公山，“兰水”即木兰溪。壶公山像一尊伟硕的雕塑，而木兰溪则是一派灵动的风情。作为精神象征的壶公山挡住台湾海峡的风，是兴化古城的天然屏障，而作为母亲河的木兰溪却是实实在在地滋润、孕育了莆田大地的万家烟火。

在百川归海的河流法则中，木兰溪与许多大江大河一样，各河段也有不同名称。正如长江各段分别称为沱沱河、通天河、金沙江、长江一样。木兰溪上游68千米的仙游段古称仙溪，与仙游寓意“神仙游历之地”的县名和九仙乘鲤飞天传说契合。自莆田与仙游交界的俞潭至华亭镇濑溪桥的中段称为濑溪，也许是因溪床高低较为悬殊，碧濑奔跃，溪流显得急切匆忙得名。濑溪桥直至出海口的下游河道曲折，流水舒缓，才叫木兰溪。

从如梦如幻的童年意象，到激情奔放的青春舞步，再到如诗如画的闲散时光，这条溪流的三个名称，犹如人的一生，涵盖了少、青、老三段岁月。

从初始溪流锲而不舍奔跃的坚韧，到成为江河广博接纳的气度，再到奔向大海浩瀚博大的胸襟，这条溪流的三段式生命内涵，昭示出与她所关联的前贤后哲的丰富多彩精神品格，更是当代以习近平总书记为代表的亿万炎黄子孙迈向生态文明的生动写照。

后来，人们统称这条莆田市最大河流为木兰溪，其名与木兰花有关，还包含“开莆来学”的特殊文化意蕴。

一条木兰溪，半部莆田史。

对莆田人来说，木兰溪代表兴化地域的深远历史，是一种母亲般的温馨存在。她是一条独流入海的河流，孕育着莆田山川丰富多样的地理物候，塑造出莆田族群独特的地域性格，滋养了文献名邦浓郁的文化风情，也成就了莆田当代生态文明的喜人景象，并继续开辟美丽莆田的灿烂前景。

仙游山的山歌，回响在历史深处，由樵夫药叟传唱，有一种穿透岁月的深广。南北洋的船号，随荔河稻浪飞扬，则是船夫渔民的歌谣，传递出一种开拓的宽宏。

作为莆田之子，木兰溪永远在父老乡亲的记忆中奔流，奔流成一帧帧心灵的风景。

记得 20 世纪 60 年代中期的暑假，正是群蝉齐唱、夹岸荔林盛大演出的美好季节，密密匝匝的荔枝树翠叶飞迸，化成木兰溪河网涌起的黛云绿雾，把河道都挤窄了；串串荔枝果被阳光热辣辣的抚爱吻红了脸，甜蜜蜜地从树荫中探出头来；于是绿色堤岸像挂满数不清的红玛瑙。

这时，少年的顽野心性又悄然抬头，每天午后，我都会前往莆田城郊木兰溪河网丰美河游泳，朝觐家乡河的绝色。从天九湾下水后游向五里外的荔浦村；沿途河岸寂静，水面清幽，头顶荔果悬垂，灿然如霞，间或有渔舟鸭阵剪碎天光云影，倒映水中的丹荔便化为飘动的红绸朱缎，光色游行，荡漾出荔枝湾的真正神韵。

唉，忘不了河边风俗画般的村舍，以及勾连两岸的古桥。也忘不了水边荔林中的弯弯曲径，以及曲径上扛着竹梯踽踽而过的果农。当然，更忘不了果农身上打着补丁的汗渍麻布衣。

青春岁月，我还几度邂逅“小桥、流水、人家”的木兰溪下游涵江古埠，夜宿鳗巷里岳父家，隔墙就是江南周庄般的幽幽水巷，水巷深邃细长如鳗鱼，连夜里梦中都是接喋的流水声。半夜里，往往有“船上了——船下了——”的深长吆喝闯进梦境。

原来水巷狭小如鳗身，水流湍急，船只不能交会，仅容一船逆流而上或顺流而下，为避免迎头相撞进退不得，上水船或下水船通过时，都会高声提醒，相互避让，由此招来这种独特且深长的吆喝声。那拉长的吆喝声风雨无阻、昼夜兼程，带着湿漉漉的水汽，穿透旧年的沧桑，饱蓄驾驭生活的顽强，尽管已隔数十年，至今仍深深印在记忆里脑海中。

唉，生活不易，逼得父老乡亲把深夜变成了白昼，把勤劳变成了风气，把驾驭风浪变成了常态。那些过往之船往往载着大米、食杂、布匹等生活必需品，或农具、豆饼、砖瓦、水缸等日用杂货，驶向荔城、黄石、梧塘等地，那种迎着风霜浸着夜色挣扎向前的吆喝声，有种震慑人心的力量！

这就是我年轻时对家乡河的印象。

家乡河，是人们对生态变迁以及文明延续最亲密最直接的感受者和见证者。中华民族，有深沉的恋乡情结；炎黄子孙，也有强烈的寻根热情。对许多人来说，家乡河是情感的寄托，她哺育了一方子民，滋养了独特的地域民俗和文化风情，流淌着乡土的芬芳和不老的乡愁。

2017 年 12 月 17 日，全国首届“寻找最美家乡河”大型主题活动结果在十三朝古都西安揭晓。为期一年多的评选活动，计有 23 个省（自治区、直辖市）推荐的 46 条各具特色家乡河参与角逐，她们囊括了江南的婉约、北方的大气、中原的厚重、西南的原始，其中既有村旁荔林中静静流淌的小河，也有奔腾千里的滔滔大江；既有秀美灵动的江南溪流，也有气势雄浑的北方河流……这些参与竞争的河流家族中，木兰溪只是个“小妹子”。

经过大众网络投票，19 条河流入围专家推荐阶段。继而由水利专家、生态学家、社会学者、文化名人、媒体记者组成专家团共同评定。结果，孕育了华夏始祖轩辕黄帝和神农炎帝的陕西渭河、传唱红嫂和沂蒙六姐妹事迹的山东沂河、连接古黄河和大运河的江苏丁万河、带着《诗经》《楚辞》文脉和风度的湖北汉江、发源于古老丝路文明的甘肃疏勒河、哺育了客家和潮汕两大族群的广东韩江、以刘三姐山歌唱出壮乡欢乐的广西下枧河等 10 条河流最终胜出，木兰溪作为福建省唯一入选河流，脱颖而出，荣膺“最美家乡河”称号。

百里风尘，历代沧桑。

这条莆田人民魂牵梦绕的家乡河，不仅流淌着生存与追求、哺育与滋养、创造与奉献、和谐与文明的神奇，还流淌着压迫与抗争、索取与惩罚、坚守与闯荡、限制与自由、咫尺与天涯、须臾与永恒等千秋万载的故事，它们沿着祖祖辈辈的情感脉络缠绕、伸延、开花、结果。

总有一种向往，从深山到大海；总有一种情怀，从奔流到澎湃。“最美家乡河”的颁奖词，浓缩和隐藏着历史、地理、文化、奋斗、民生、乡愁、生态、和谐、文明等丰富内涵，寄托了木兰溪的生命精神和她所哺育的莆田人民之灵魂流向，也倾注了习近平总书记当年擘画推动木兰溪治理的一腔心血。

一代代莆田儿女正是在木兰溪滋润下，去追寻大自然的生态之美，去追寻心灵绽放的文明之花。

木兰溪畔的灯火

王清铭

灯和灯光，在作家巴金笔下是光和热，是光明、温暖和希望，而在散文家郭风的心中却是观察社会的眼睛。

20 世纪 80 年代，莆田刚建市不久，郭风来到湄洲湾畔，看着彼岸灯火璀璨，再看看此岸灯火阑珊，老人非常感慨，对岸的泉州，当时发展已如火如荼，而郭风站立的莆田，还是一片沉寂。老人多次在各种场合呼吁开发湄洲湾。在他的眼中，灯光就是社会发展的一项特殊指数。

三十多年后，我站在自家房子的阳台上，看着眼前的壶山兰水，我突然就想起了睿智的郭风老人。

（一）

壶公山在我眼中，一直如将士的兜鍪——莆田人在这里抗击入侵的元兵、倭寇和满清铁骑。壶公山又有点像戴着高冠或披着方巾的士人——在科举时代，莆田、仙游两县走出了 2482 名进士，莆田县是“全国进士第一县”。

夜幕下，远处的壶公山，星星点点，串联起来，很像……我想了很久，才想起了一个既通俗又贴切的比喻——一串珍珠项链。莆田是全国闻名的珠宝之城。莆仙人“无中生有”，把木材、钢材、红木家具和黄金珠宝等卖到全国各地。几十万在外的莆商用自己辛勤的心血点亮了自己的灯。

今天，壶公山下的村庄，早已不是“竹篱茅舍林中见，仿佛孤山处士家”。这里是灯的河流，光的海洋。木兰溪南岸是等待开拓的热土，随着莆田城向南挺进，将来这片土地的灯光将更加璀璨。

我的身后，就是著名的商业圈——正荣财富中心。商业楼和公寓楼上的灯光瞬息万变，“赤橙黄绿青蓝紫，谁持彩练当空舞”，这是五栋公寓楼变幻的光彩。商业楼上的彩色灯光犹如几条游龙，倏地从接近熙宁桥的东边游向西边，一波接着一波。这是光的舞蹈，是光的摇滚！

正荣财富中心就在木兰溪畔，木兰溪旧河道就在这里。木兰溪曾在这里打了几个结，每年都会制造几次洪灾。1999 年 12 月 27 日，木兰溪防洪工程开工建设，二十年过去了，木兰溪畔，曾是烛光和煤油灯光摇曳的地方，如今已是万家灯火，一片光的海洋。

（二）

我的老家在木兰溪中游的一条支流上。

那时的木兰溪经常决堤，泛滥成灾，乡民极少逐水而居，一到夜晚，兰溪边只有夜色，少有行人。

20 世纪 80 年代，仙游还没有兰溪大桥，那时的城南还一片萧条。那时进县城，夜里在城南我只看到几盏黯淡的路灯，很像朱自清先生形容的“渴睡人的眼”，而当时兰溪大桥对面除了农田，几乎没有灯火，只有一座小山丘，夜里还看得见磷火。夏夜里，听得见蝉鸣；秋夜里，兰溪南岸很安静，似乎听得见蛩音。

兰溪北岸，县城这一侧，有很多婆娑的柳树，远看是风景，走近看杂草丛生，蚊虫肆虐，人们要去纳凉和漫步，一般都去燕池铺的体育场。很长一段时间，当时九层还是十层的华侨大厦，一直都是县城的最高建筑。县城里有灯光，但没有灯景。投映在兰溪水里的只有为数不多的一些灯，很难唤起我的诗意和联想。

2004 年，我调入县城工作，那时木兰溪北岸已经修葺，灌上水泥，砌上石阶，几乎变成了夜宵一条街。那些年，仙游县城最亮的灯光就在这里，最嘈杂的声音也在这里。兰溪岸畔的灯光很明亮，但总夹杂着一种呛鼻的烧烤味，那些霓虹灯，似乎是睁着酩酊大醉者的猩红的眼睛。

兰溪水不断向前流淌，生活在日新月异地变化着。兰溪公园开始建设，夜宵摊逐渐退出，让位于步行道。很多市民夜里在这里漫步休闲和锻炼，按一个诗人的说法就是“牵着一条溪流去散步”。在兰溪的清风灯影里走了几里，不只是走在音乐一般的水声里，在这里，游人让自己的血液流淌得慢些，再慢些，就如身边这波澜不惊的兰溪水。我把木兰溪比作“一条能够开花的溪流”，夜里在兰溪畔站立，清风徐来，倒映各种灯光的兰溪水就有五彩的涟漪粼粼地绽放，再粼粼地凋谢。

现在，仙游兰溪畔的步行道，已经修到榜头镇的坝下，将来还将与木兰溪下游莆田市区的兰溪步行道连成一起。到那时，骑上共享单车，从上游到下游，看一看这人间银河的灯影，该多心旷神怡！

（三）

灯，无论在什么年代，都是光明、温暖和希望的象征。我站在22层楼的阳台上眺望，这种感受更加深刻。

小区大门通向木兰溪，晚风拂来，我听见了滨溪公园上的欢声笑语。在我身后，是家里明亮的灯光。我在看他们时，他们也在看着我，在他们的眼中，我或许也是木兰溪岸畔的一抹灯光。

每个人都是一盏灯，我要把属于自己的那盏灯点得更亮些。

探访木兰溪源

陈国孟

木兰溪，这是一条从远古滚滚流向未来的“最美家乡河”。她的源头在那里，作为地道仙游人，我闭着眼从木兰春涨的溪水中漂浮的朵朵山中花可以推知，溪源就在美丽而有点远的世外桃源——仙游山。

仙游山不是传统意义的一座山的名字，因为西苑乡的仙西、仙东、仙山三个行政村永世不离不弃地聚拢在木兰溪源头的高山小平原，旧时合称仙游山。这里人杰地灵，名人辈出，坊间“莆田出卜死，不如仙游出郑纪”所言的“一品尚书”郑纪，就是出生于仙西村官尾组纪氏人家，明宪宗年间郑纪请旨为仙游救灾减赋，特引钦臣从龙过隔、黄坑头经过，留有“抱芋上书”的美丽传说。更神奇的是，正因有了仙游山，唐天宝元年“仙游县”正式取代“清源县”，这个县名一直沿袭至今，给人永恒留下神仙游玩过的绮丽遐想。

据《仙游县志》载，“木兰溪发源于仙游县西苑乡仙西村黄坑桥头”，海拔 883.8 米。和煦春风里，我头一次走进久仰大名的黄坑头寻根探源我心中安澜的母亲河——木兰溪的源头。

沿途苍茫的林海翠竹，构成多姿多彩的山水画卷，让人不得不感叹仙游山的俊秀和大自然的瑰丽：孕育了清清的木兰溪。可这里地处仙游、永春、德化三县交界之地，素有“鸡鸣三县，烟飘三地”之说，自是木兰溪流域与闽江流域的分水岭，所以仙游山的高山流水也有流向德化方向，最终奔流到闽江，再和木兰溪水殊途同归地梦幻入海，永不回头。

这小路弯弯的黄坑头啊，寂静的村庄在山水间掩映，迷人的乡村风物四时不同天，山民世代春播秋收，放牛牧羊，构成一幅自然朴实而又朦胧的山村派田园风光图。但这里没有都市的纷扰，好多人早已搬迁至山外的精彩世界，至今依然清寂、静谧、古朴，令人如沐春光，心旷神怡。

舟车劳顿一个多小时，行色匆匆走近兰溪源头的黄坑头，靠近木兰溪源头的山间小路旁，竖有一圆形大石头，周围青松翠绿，石上镌有“清源林”三个红色大字，默默记载着清源林的由来。2012 年，在京莆籍流动党员决心回馈桑梓，他们想到了家乡的母亲河木兰溪。在市委驻京党工委和北京市仙游商会的倡议下，驻京党组织负责人和在京莆籍党建之友捐资 100 万元，在靠近黄坑头源头四周的山坡、田野和道路旁植造，种有红豆杉、桂花、香樟、乐昌含笑等多种承载浓浓乡愁的名贵树木 2.47 公顷。2021 年，他们又积极响应“践行木兰溪治理理念，争当新时代流动先锋”号召，共筹 500 万元续种寓意饮水思源、不忘党恩的“思源林”，为木兰溪源谋划种下 350 万棵树的大森林。如今，树木郁郁葱葱惹人爱。

不停歇地溯源，山坳里一块高大挺立的石碑赫然映入眼帘，形似一个大水滴，镌刻着全国人大常委会原副委员长、全国妇联原主席陈至立同志于 2012 年 5 月 4 日题写的“木兰溪源”四个红色大字。周围青松翠绿，郁郁葱葱，可瞪大眼千找万寻就是难觅木兰春涨的澎湃气概。这块“木兰溪源头”石碑，碑文为木兰溪简介，旨在增强全市人民保护莆田“母亲河”的意识，做到“饮水当须思源，定源更为护源”，更好地保护木兰溪源头的生态环境。

再不知不觉穿过弯弯曲曲的林间小道，终于见到木兰溪的真正源头，在一大红“源”字小石碑旁，一股细细的水流由石间缓缓涌出，形成一对绿池。池岸由就地取材的鹅卵石围拢成精致的椭圆形状，煞是夺眼！真是令人难以置信，正是凭借着仙游山复杂的地形地势、茂密的天然阔叶林，原本入不了法眼的汩汩山涧小清流，在起伏不平的山石河床上悠闲奔流着，发出叮叮咚咚的响声。可过了几重山后，木兰溪水如海纳百川地收纳沿途峡谷、平地之活水，逐渐像匹烈马，时而腾空飞蹿，

时而飞流直下，时而浅滩漫游，时而温顺平缓……曲折回荡，美妙无比，更孕育了两岸沃野绿畴，哺育着勤劳勇敢睿智的兴化儿女！

为有源头幸福来。一个源头一个保护区，这绝对是仙游“人水和谐”的生动实践，也是木兰溪科学治理成果的一大缩影，彰显着浓浓的为民情怀！作为海峡西岸的“天然后花园”，2012年年底，总面积2万公顷的木兰溪源省级自然保护区获准成立，涉及木兰溪源头仙游山所在的西苑及石苍、社硎、菜溪4个环山区乡镇20个行政村、1个林场，特别是木兰溪和九溪正源头内还保留着当地生长最好、生物多样性富集的天然森林，为众多的野生生物提供了理想的栖息地和繁衍场所，源源不断地为全市200多万人口提供优质清洁的水源。

“绿水青山就是金山银山。”保护区海拔200～1803米，素有“天然氧吧”之称，且地势陡峻，山峰高耸，沟谷幽深，悬泉飞瀑，溪流灵秀，岩石奇特，林丰竹茂，自然旅游资源丰富。保护区有丰富的森林景观，林木茂密，生物多样性丰富，是重要的野生动物栖息地，有众多珍稀动植物资源，被誉为物种的基因库。有维管束植物1366种、脊椎动物420种，其中还有国家Ⅰ级重点保护珍稀动物、植物各3种。天然林面积16320公顷，占保护区总面积的81.36％。保护区还有千年古刹九座寺和国宝无尘塔，以及菜溪岩、金钟湖、仙水洋、十八股头、石谷解、中共福建省委机关旧址等人文自然景观多处。

“守护溪源，和谐共生。”近些年，山脉连绵、地形复杂的保护区精雕细管，科学设立了管理站所，埋设区位牌、标识牌29块、界桩250个，建成了生物防火林带30多千米，完成了实验区生态林修复、防治病虫害各66.7公顷，还有27位护林员不间断地巡查、守护着这片广袤的山林，保护着森林生态系统及其珍稀濒危野生动植物资源。同时，为呵护木兰溪源生态环境，西苑乡在植树造林涵养水源、污染防治提升水质、守护青山绿水打造生态样本上一直走在前头，既持续开展“母亲河（木兰溪）绿色保护行动”，又鼎力助建成独一无二的木兰溪源环境教育基地，成为继木兰溪源石碑、木兰溪源流、清源林后格外引人瞩目的新景点，每天笑迎八方来客。

于是，我等从木兰溪源流慕名前往由原西苑乡仙西小学三层教学楼改造而成的木兰溪源环境教育基地。这里精心布展木兰溪全流域系统治理实践成果展厅、生物多样性标本展示厅等，主要以木兰溪源省级自然保护区为依托，以木兰溪治理的千古传奇为背景，以改革开放后党和政府带领莆田人民治理木兰溪为主线，梳理了木兰溪从古至今的治理成效，特别是全景式展示了近二十年来木兰溪防洪治理以及生态治理、文化景观治理、全流域系统治理的成果。

兴致勃勃走进基地，津津有味品读着一张张图片、文字和实物，自是对木兰溪全流域景观、历史变迁、治水、护水、兴水等了然于胸，更懂赖以生存的母亲河，了解她的艰辛过往，感受她的精神气质，内心隐隐滋生了为共同保护木兰溪添砖加瓦的动力！

“同饮一江水，共护母亲河。”是呀，母亲河日复一日用她博大的胸怀和伟大的母爱，哺育着一代又一代的兴化儿女……亲近木兰溪，尤其是置身木兰溪源，心灵怎能不震撼，思想怎能不升华？我耳边似乎听到，她深情召唤广大莆仙儿女不忘初心、牢记使命，共护兰水，围绕母亲河源，精心打造永续造福人民的根文化和生态旅游文化！

寻梦兰溪

郭清锋

我最喜欢的秋季到了。

伫立在木兰山山巅的曙光女神，从她那橘红色的闺楼里慢慢地洒下了玫瑰色的万道光芒，溅在草丛中，渗入山下的木兰溪，泛着数不清的涟漪，轻快地流向大海，从古流到今，从遥远的过去流向希望的未来。

八月中旬，木兰溪畔悄悄地来了五批特殊游客，他们分别来自美国、英国、德国、日本和中国的深圳。因为不同肤色、不同语言，岸边的行人不由地驻足观望。他们是代表五家城市设计机构来木兰溪两岸实地考察，为参加木兰溪两岸城市设计国际竞赛而来。

沉寂多年的木兰溪又要开始梳妆打扮奉献自我了。几千年来，她用甘醇的清泉，年复一年地滋润着兴化大地的无数生灵，孕育了兴化大地的悠久历史和灿烂文化，无愧于兴化母亲河的称誉。

出门前，我在网上找到了一幅木兰溪规划图。早晨六点钟，我们按照计划驱车来到兰溪寻梦的第一站，建于北宋年间的大型古堰——木兰陂。

“清清溪水木兰陂，千载流传颂美诗。公尔忘私谁创始，至今人道是钱妃。”这是郭沫若 1962 年途经莆田时写下的诗篇。

水与女子，总有一段段解不开的缘。

木兰溪，因一座陂立名的溪水；因为一座山，一个女子，而芬芳千古的溪水。大陂由于建于木兰山下，便名木兰陂，这条溪流久而久之得名木兰溪。

每逢雨季，它像失控野马，四处奔突，无人可以挽住它的绳。它从戴云山支脉的笔架山，经永春、仙游，一路汇聚 360 多条溪河涧流入濑溪，横贯莆田中部南北洋平原，蜿蜒向东经宁海出三江口注入兴化湾，并入东海。每逢海潮起涨，大潮时，海水会沿着溪涧水路回流至平原，像从海里翻腾扑岸的蛟龙。

如果没有那位如水的女子，如果没有她那一般人所没有的度世济人的胸怀与勇气，如果不是她执意挽住狂澜的意志感动了后继者，木兰溪两岸村民仍要继续承受庄稼被淹、村舍被毁的种种噩运。

木兰陂是国家重点保护文物，我国五大古陂之一，也是现存最完整的古代水利工程之一。其实，它存在的意义不仅是水利灌溉，还为中华民族矗立起一座不朽的人文精神丰碑。水与文化，更是一种纠结糅合的相融。

这滔滔不尽的木兰溪水不但给两岸人民舟楫之便，灌溉之利，还孕育了灿烂的莆田文化。她哺育出两岸灿若星辰的历史名人：梅妃江采苹，宰相陈俊卿，与文天祥“隆名并峙”的民族英雄陈文龙、布衣陈瓒，等等。

每逢春水初涨，陂上溪面宽广，水平如镜，桃红柳绿，溪水泱泱，两岸绿树青山，倒映水中，风光美如画。陂首枢纽工程为堰闸式滚水坝，每逢山洪暴涨，溪水越坝飞流而下，汇成瀑布，发出雷鸣声响。木兰陂还因“木兰春涨”而被列入“莆田二十四景”。

车子驶过六部桥悄悄地停在边上的几幢破旧的房子前。大房子可能是 20 世纪六七十年代建造的吧，一溜过去有四五幢，红色的砖头，青色的瓦片，门口处站着几棵有些年头的老树。这是个废弃多年的旧船厂，让人感受到幽静曲徊、高树矮墙的溪岸气息。

我们在宁静的红房子后面徘徊了十几分钟不肯离去。陈旧的砖墙、时尚的装饰、大红的灯笼、古朴的大门都带来一份深厚的怀旧情绪。

清晨的木兰溪，格外寂静。突然，从木兰溪南岸吹过一阵风，然后向北岸掠去，在那里归于沉寂。风儿掠过的地方广袤无垠——用她自己特有的旋律和节奏为兰溪积蓄力量。

沐浴着沁人心脾的晨风，心中顿觉安然。道路两旁沉睡中的树木和

花草，被我们的车轮声惊醒，睁着朦胧双眼，在晨风里相互摇曳。早起的小鸟在岸边跳来跳去，偶尔也高歌一曲，在静谧的清晨，宛如天籁之音，徐徐而来。

站在陂上眺望，兰溪两岸不远处，鳞次栉比的现代建筑像一排排迈着整齐步伐像行进的钢铁士兵一样向溪岸而来。此时，吸一口远处吹来的清风，不觉感慨万千。

五百年前，明代户部尚书郑纪告老回乡，泛舟木兰溪，留下“鸟飞鱼跃随双棹，云影天光共一舟”的优美诗句，情景交融，声情并茂，读罢令人心醉。五百年后的今天，不知又将是哪位名人志士，在木兰溪畔展开另一幅千秋画卷呢?

木兰溪老渡口

牧　风

莆田自古多渡口。

记忆中，渡口被一抹夕阳照亮，反射出金属一样的光芒。落日的柔光把西边的溪水和沙洲染成绚丽的橘红色。

渡口隔开了此岸与彼岸的距离。一条木板船承载了很多到达的愿望，它是这个渡口的主人，没了它，整个渡口就荒凉了下来，也暗淡了下来；它是渡口终其一生的信仰，没了它，渡口也就不复往昔。它宛若一个简单而深含意味的偈语，让人一度走神；它让渡口拥有生命的种种悲喜交集，若回绕的柔笛，或若浑厚的二胡，散发出《二泉映月》扣人心弦的韵味。就是下雨天人迹稀少时，如果有一条船安静地泊在渡口，也会给伫立雨中的人带来极大的慰藉。尽管它可能不会远行，只是在这个村落里不为了出发或到达的陌生人。它的驻留只为了重温“野渡无人舟自横”的那种寂寞空旷自在的境界。从书中出发，在书中凝神，然后以虚构到达，去往远古洪荒时的某种景象。

我们的渡口怀旧梦是从一个叫仙潭的渡口开始的。从这个渡口过去，可能还要经过许多村落，一个人会经过很长的路途，为了某些快乐的理由。财富或求学的念头，往往让许多壮年或小孩走得更远。他们会经过许多这样的村落，一样被龙眼林覆盖。但是搭船的往往只是这个村落里的人，对面村的人反而较少乘这条能容 20 人的船过溪，除非走亲戚。乡下人谈婚论嫁，喜欢到近邻的村落里寻找，方便父母与女儿的照应。所以，除了到对面的溪岸干农活，他们或安于宿命，一般略显瘦

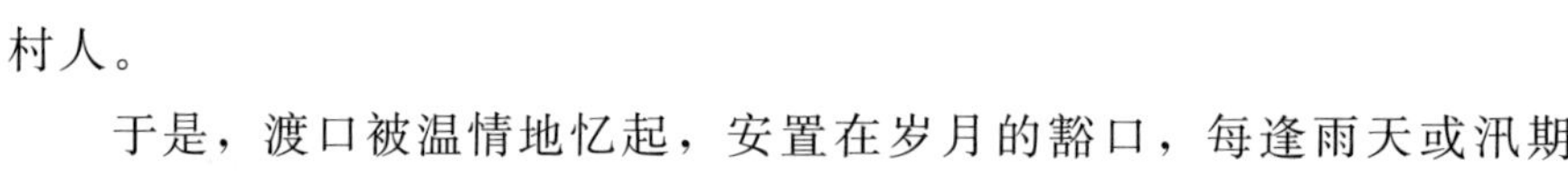

削，挑着比他们的身体更为沉重的农物，还有的是读书或走亲访友的邻村人。

于是，渡口被温情地忆起，安置在岁月的豁口，每逢雨天或汛期，此岸的故事开始撩动彼岸的心弦。我的小船也因此载着童年的美丽，寻找温暖的臂弯。

甘蔗收成时节，因上游压榨甘蔗排泄的废水，溪水变得有点混浊，让人看得心头沉重，惦念她清冽时。那是她的本来面目，如同清丽绝伦的女孩——流水就是她黛青光滑的长发，水中倒映出晨曦或落日的光芒，让她的眼眸有一种与世尘无争的欢乐。

渡口或许是梦的衍生物。人有了做梦的冲动，就有了走出去的愿望。为了到达，更为了回归，于是就必须有一条这样的船。我曾在渡口一个叫金叶的聋哑老伯院落，闻着他刨制造船木头的清香，留下了深重而醇然的记忆。

历史往往就是这样——只一瞬间，这一路过来的喧嚣便戛然而止。

莆田到底有多少个渡口，恐怕无从考证。在寻找老渡口中，我有些小小失望。老渡口大多杂草丛生，除了一些刻有名字的碑石和废弃的小木船孤寂地守望外，再也找不到一丝当年的痕迹。

印象中，渡口总会有一条缠绵的小路系着远方的旅程，石阶总是把即将离岸的浮躁夯得很实，被风梳理的柳丝总有几许柔情，岸的妩媚总有流不走的倩影，也许还会有一只蝉与你一起呼唤对岸的等待。

这里有我太多记忆，是属于我的故事，我记住了，并珍藏着。我记住了溪边的渔船和落日余晖包裹的艄公。虽然这一切大都不复存在，却印在我的记忆里。

夕阳西下，江水东流。木兰溪，有多少船排，有多少渡？有多少传奇故事？我们不得而知，因为这是大地母亲给女儿的幸福陪嫁。

清澈

许红丹

曾经芳华年，回首已半生。

在外地谋生的日子，我常会想起家乡的木兰溪，诗意好听的名字，伴随着童年天真的欢笑，在记忆里永恒。

关于木兰溪的名字，传说与“开莆来学”的先贤郑露有关。郑露奉召入仕，乡亲们在木兰山下的溪边为他送行，并采来他喜爱的木兰花，将花瓣撒在船头、洒在水路上。人们感念郑氏三兄弟对开化莆田的贡献，把这条溪流称为“木兰溪”。

溪水清清清如许，让你想象一切关于清澈的东西：清晨草尖上的第一滴露珠，恋人月光下灼灼的目光，婴儿襁褓中不染尘事的笑脸……掬一捧水，月在手。清澈如斯，溪水是可以洗衣的。溪边是巧妇们铺就的微斜的青石，一排过去，一群巧妇边洗衣边谈笑，此为繁忙农事之余的休闲。她们从家中出发，走过一片树林，下几层石阶，穿过几座小桥，再走过一片田，就来到了木兰溪边。搓一搓，漂一漂，衣裳在水中舞动优美的曲线，一大盆衣服很快就洗好了。在溪水中洗被子很有气场，甩一下，被子在水面极力张开，潇洒地飞扬；漂几下，又收回来，放在青石上，接着传来棒槌捶被的“小令”，悦耳，重复两三遍就洗好了。直接晾在岸上的青草坡上，清澈的溪风，一览无余的阳光，不一会儿就让被子有了阳光的味道。一群孩子在岸上唱着童谣：“马兰花，马兰花，风吹雨打都不怕，勤劳的人们在说话，请你马上就开花。”欢唱声高过天空，久久回荡。

木兰溪是我国福建省东部独流入海的河流，横贯莆田市中、南部，自西北向东流经莆田市的仙游县、城厢区、荔城区、涵江区等地区，至三江口注入兴化湾入台湾海峡。流域内木兰溪沿岸水利设施众多，为流域生产提供了充足的水源和电力支持，同时木兰溪及其支流、入海口是市内重要的水运航道，因此木兰溪被称为莆田人民的“母亲河”。

我们在木兰溪畔生长，成年了，要自己谋生了，即使阔别家乡，还是难忘木兰溪。儿时的木兰溪热闹非凡，水中捞“沙雪”，摸田螺，岸上玩细沙，踩鹅卵石，芦苇丛中捉迷藏……奔跑，嬉笑。夏天的午后，游泳的男人和小孩们，让木兰溪从不寂寞。清澈的溪水打就一切清澈的模样。堤坝绵延远方，坝上青青草。青草间野花星星点点。站在堤坝上，放眼望溪流，绸带一般舒展，飘逸。四周空旷，深呼吸清澈的空气。闭上眼，张开双臂，迎着风，几欲飞翔。

那时的木兰溪并不是十全十美。她的缺点让人叹息，因上下游落差大、下游河道弯曲狭窄等原因，洪灾时有发生。台风天时，洪流冲出木兰溪河道向岸上肆虐，“雨下东西乡，水淹南北洋”，“十年大灾、五年中灾、年年小灾”。

发生水灾时，木兰溪岸的田地一片水茫茫，农作物颗粒无收。危险的是，那时溪对岸的村子来往此岸还没有大桥，都是靠人工划船。有一年，不幸发生了翻船事故，木兰溪在滂沱大雨中哭泣，母亲河伤痕累累。

木兰溪畔成长的他们，或悲或喜地长大了。

那一年，村里还沉浸在春节的欢乐中，他便离开妻儿闯荡深圳，带着梦想，求生，求变。木兰溪的滋养教会他——诚信是做人之本，坚韧是前行之力。

他谨记于心。

第二年，她也背井离乡，和他一起闯荡深圳。

多年后，他们回到家乡，在城区木兰溪畔安家。她想象着，庭前花木成蹊蝶流连，庭后菜园葱茏柳若烟。

木兰溪畔，春暖花开。

和许多游子一样，他们选择返乡安居，不再漂泊。第一次到木兰溪畔看房，母亲看到房子离木兰溪只有几步之遥，不放心，她担心木兰溪会发大水。她跟母亲说，不会的，木兰溪已然温婉美丽。

破解“豆腐上筑堤”和“软土抗冲刷”等世界级难题，历经近 20 年的科学治水后，木兰溪已成为农业生产的“生命之水”，经济发展的“金银之水”，城乡繁荣的“安全之水”，美丽莆田的“生态之水”。

为下挡海潮、上灌良田，造福百姓，早在北宋年间，就有三批主修者前后耗时 20 年成功修筑木兰陂。2014 年，木兰陂被列入首批世界灌溉工程遗产名录，与都江堰并称“中国古代水利工程文明双璧”。

2017 年，木兰溪——我们的母亲河，登上了首届中国十大“最美家乡河”榜单，是福建省唯一入选的河流！

上榜理由：是溪流，是江河，无需更名；论大小，论长短，不必丈量。她，化水为乳，滋养着一座“古府新市”；她，以血为脉，成就了一座“文明新城”。这里屹立着千年长堤、百代雄陂的治水传奇，她就是莆田人民的家乡河——福建木兰溪。

一个秋日，他们带着孩子一起来到木兰陂。从木兰溪大桥出发至木兰陂，一路都是“红地毯”似的绿道，平坦，宽敞，繁花浓荫，很适合单车骑行或散步或跑步，是市民健身休闲的好去处。徜徉其中，美不胜收，木兰溪绵延远方，映着壶山之背景，壶山兰水画即在眼前。成群的白鹭飞翔水上，或站立蒲草上。水和岸之间有宽阔的蒲草林，随着季节的变化或青或黄，生生不息，像恰到好处的防护林。在堤坝上行走听不到水流声，只有清澈的溪风让你感受到醍醐灌顶的惬意。堤坝经过一代又一代人的接力加固、美化，已然固若金汤美如画。每走一段路就有一个闸出现，张镇水闸，肖厝水闸，坂头涵闸，南箕水闸，木兰水闸等等，犹如每走一段路就遇一个安全卫士，行在路上有被保护的幸福感。到了木兰陂，视野更开阔，她在风景里望见了安宁和美丽。

木兰山下木兰陂，秋波粼粼颂钱妃。清清溪岸青青草，水映斜阳渔舟归。孩子说，木兰溪的水好清澈啊！他们迎着清澈的溪风，和孩子讲起有关木兰溪的往事，木兰陂的传奇故事，以及人生旅途中一些关于坚韧或坚守的情怀。

木兰溪“江河的气度，溪流的谦恭”影响着一代又一代的兴化儿女，追梦前行。

柔情木兰溪　心坚筑陂人

许　涓

《道德经》有云："天下柔弱，莫过乎水，而攻强者，莫之能胜，其无以易之。"水，是一种灵动的存在，至弱又至刚，有滋润万物的慈爱，又有攻击强石的刚烈。

有山有水乃成溪。木兰溪发源于仙游县西苑乡的黄坑村，横贯莆田的中南部，自西北流经各个区，至三江口注入兴化湾，最后注入台湾海峡，全长105千米，流域面积达1732平方千米，为福建八大河流之一。莆、仙两地具有深厚的文化底蕴，素有"文献名邦"之称，归功于这条伟大的母亲河——木兰溪的哺育。

木兰溪，不知道缘何有一个女子的美名，单从她的名字想象，或许因千年前两岸种满洁白的木兰花。"开莆来学"的郑露奉召入仕，乡亲们在溪边为他撒上木兰花瓣，从此，莆阳文化遍地开花。

这条有恩于莆田人民的溪水有着至弱本性的同时，也具备了水的刚烈。你一定很难想象，千年前的木兰溪两岸，蒲草丛生，咸海之水，溯溪而上，灾情泛滥，两岸人民深受其害，度日艰难。

当我们漫步在木兰溪的两岸，沿着溪岸前行，耳畔回想起宋代《木兰谣》："莆邑之南，原为斥卤。有泽有陂，有桑有圃。饮水之源，其功可数……"如何改变木兰溪的性格，收束洪水的刚烈，转化为溪水的柔情？治水之难，是摆在大宋兴化子民心中一道亘古未有的难题！

每一个朝代都有英雄出世。有幸，那个时代，有一个弱小的异乡女子横空出现——钱四娘。她无意地从兴化府经过，不由在木兰溪驻足，所见之处，满目疮痍。上游冲下的洪水和下游漫上的海潮吞噬着大地，百姓流离失所，她的目光充满着泪水。

1064 年，钱四娘携巨金动工截流筑坝。遗憾的是，筑坝失败了，但历史不会以功过评判是非，四娘虽败犹荣，她孑然一身，千里迢迢从异乡携金而来，已使兴化大地众多男子自叹不如，而她的年纪，益加使众人汗颜，1064 年，她年仅 16 岁。16 岁，谁给她了心怀天下的使命和担当？16 岁，谁赋予她悲天悯人的情感？

因选址不当，水流湍急，年仅 19 岁的四娘悲愤至极，投入溪洪，以身殉陂。她的死恰如一个巨大的叹号，将柔弱的女子与刚烈的性格赋予在木兰溪的宿命里。

四娘梦碎了，碎在木兰溪的将军岩。在波纹粼粼的溪水里，我隐约听见四娘的哭泣，她以铁石心肠，拥抱空谷里的柔情似水，经历千百回巨浪的冲撞和无数次江潮的席卷，蜕化成一尊白色的石雕。

石雕立在木兰溪的南渠边上，连同她的庙宇，一同守卫着木兰溪的潮涨潮落。雕像上的四娘一手抚摸着耳鬓，一手还拨动着木兰溪的水，深情的目光眺望远方，木兰日夜春潮涨，四娘心事谁人知？时光不语，在石像上播撒耀眼的光芒。

将军岩，是修木兰陂的第一个失败选址，在第二位筑陂之人林从世同样在此选址失败后，侯官李宏应召前来。经过三次营筑，最终李宏在僧人冯智日的帮助下，总结前人失败教训，重新勘察地形，木兰陂不再建在岩石上，把陂址改在水道宽、水流缓的木兰陂今址，并且掘地一尺，伐石立基，分为三十二门。这样筑的陂基础面积大，体积雄厚，坚如磐石，方能抵挡千秋百代的狂风恶浪。经过八年苦心营建，1083 年，木兰陂终于竣工。

李宏，出生官宦世家，胸怀壮志，乐善好施。他“先天下之忧而忧，后天下之乐而乐”，再一次担负起筑陂重任。他与精通水利的福州高僧冯智日的相逢是一种妙不可言的机缘巧合。史料记载：“遂顷家得缗钱七万，率家干七人入莆，定居于木兰山下，负锸如云，散金如泥，陂未成而力已竭……”寥寥数语，便清晰勾勒出李宏投入巨资，在水边指挥工程艰辛劳作的身影，他筚路蓝缕，栉风沐雨，完成了钱四娘未了的梦，制服了木兰溪的洪水猛兽，化刚强为柔情。而冯智日则用他的智慧，为木兰陂的湖光山色添上了一层禅意色彩。

钱四娘的梦想，林从世的执着，李宏的担当，冯智日的睿智。三次筑坝，千年治水，他们的名字连同记载他们功绩的庙宇，一起镌刻在木兰溪边上，坚如磐石，岁月千年不曾模糊。

建成后的木兰陂是著名的古代大型水利工程，全国五大古陂之一，位于巍峨的木兰山下，木兰溪与兴化湾海潮汇流处，是世界灌溉工程遗产。

陂，意为湖泊、大坝斜坡。古有“万顷之稻，千顷之陂”之说。溪陂，为人为的拦溪筑坝而成。木兰陂枢纽工程为陂身，由溢流堰、进水闸导流堤等组成。堰坝用数万块千斤重的花岗岩沟锁叠砌而成，这些石块互相衔接，极为牢固，经受900多年来无数次山洪猛烈冲击，至今仍完好无损。原本蒲草重生的南北洋，在木兰陂建成后，稻田翻浪，鱼米飘香，莆田渐渐成为宜居之地。

水因陂而美，城因陂而荣。几百年来，对莆田人来说，最得人心的工程便是这木兰陂。古谚语：“水绕壶公山，莆阳朱紫半。白湖腰欲断，此时大好看。”从高处俯瞰，木兰溪蜿蜒绵亘，化恶为善，已然似一位温婉尔雅的女子，深情地守护在莆阳大地。

四月，又是木兰春潮涨的季节，溪水漫陂入海，沿着堰坝，缓缓向前，脚下巨大石块上，掀起一层又一层浪花，好一片白浪滔天的美景。远远望去，木兰陂就像一架矗立在天地之间的巨大钢琴，在花岗岩构成的键盘上，溪流永不停歇地弹奏着天籁之音……

这水与石的碰撞，是刚与柔的涅槃，也是水与佛的禅意。

木兰溪畔的春天

林文坤

说起中国“最美家乡河”之一的木兰溪，我曾溯源其西苑黄坑头的滴滴甘霖，泛舟仙游南门桥下微波荡漾，流连与都江堰齐名的木兰陂千年水利工程，驻足宁海桥头观初日东升，更在三江口海滩上留下深深脚印。但记忆最深的是白塘湖与木兰溪亲昵处的牙口港畔。确切地说，这一季的春天，是牙口古村落之春馈赠给我一季的好心情。

不说绿茵茵的农田，也不说弯弯曲曲的溪道，更不说烟雨濛濛的古码头，只说江心洲的美丽水岸，以及牙口的古老村落。

牙口，今雅称鳌口，即白塘湖与木兰溪交汇处的一个江心村，隶属涵江区白塘镇江尾。木兰溪和白塘水赋予这里水清岸浅，和煦的阳光照在芦苇滩上，鱼群悠闲的影子穿梭在水草之中。岸边的榕树，根茎都露出路面，胡须也垂拱迎客；白鹭悠闲地在湿漉漉的滩涂上觅食；青蛙调皮地在花丛中与水鸟捉迷藏；跳跳鱼儿小心翼翼地在泥土巢里冒着气泡；还有三角梅上停着几只鸟儿，一动也不动地盯着溪面……木兰溪的水岸，温馨而和谐。

天，蓝得像青花绸缎子一般，伴着几朵白云，飞彩着苍穹。当晚霞披在壶公山巅时，白塘湖上水波粼粼，霞光晕红了游船上的人脸，灿如桃花。渔舟撞破云霞后，顺着潮汐从壶公山那边漂来，载着一船芦花。那渔人任其横舟不顾，倏地转一圈身子后，用力地把一张天罗地网甩出，渔网便铺天盖地在水面罩下。难免有漏网之鱼继续脱险在一根根垂杆下，但它们铭记着不贪一时之诱，也不迷失于假象之惑。只要有水，不管是木兰溪，抑或是白塘湖，幸运的鱼儿还将一代又一代生存下去，繁衍生息，囿守着美好家园。

银辉满地，看不清迎春花的风采，也看不清用青石条砌起的延伸到牙口港的路，只有各种虫子迎着玉兔叫得欢。蔷薇的清香，茉莉的清香，还有泥土的清香融化在一起，芬芳四溢，沁人心脾。湿漉漉的各色野果子挂在树上，藤蔓上，或在灌木丛里，草丛中，成串成片，红的，紫的，蓝的，绿的，就像撒满的珍珠。那清香的野果味道，每每想起，口中就有那股香甜味儿。

蜿蜒曲折的木兰溪，在兴化平原上奔腾回旋，轻盈而快乐。

令人向往的还有鳌口的古村落。

横亘在木兰溪河道与白塘湖围堰之间的鳌口古村落里，既有高大的榕树、白玉兰、木棉树，也有喜欢缠绵的三角梅、炮仗花、百香藤……当然，那些甘于奉献的竹篱蒿草，壅塞了湖畔溪岸。那些藤蔓荆棘挂在树上，或匍匐在草丛里，处处衬托着美丽的花树，招蜂引蝶，氤氲和祥，惹人喜爱。野鸡在草窠里飞起，野兔在芦苇丛里奔突，这些都是村野之灵，稍有动静，就溜之大吉。

偶尔一群麻雀从空中掠过，如万箭齐发，栖落于古厝的屋檐上，声音清脆而响亮。那些本不知文艺为何物的麻雀，竟把窝搭在雕花的房梁或椽木间，天天与栩栩如生的花虫相伴，时时沐浴在雕艺的熏陶中，把小日子过得舒坦惬意。

皎洁的月光悄然从屋檐间透出缕缕银辉，乳白色的雾气在溪岸间展开。或是美人树，或是香樟树，还是大榕树的影子影影绰绰，若有若无，伟岸地立于海堤内的道路两旁。

古村落的美，除其富饶的物产，还有迷人的原色调，更有流动的水乡神韵。

远看鳌口古村，烟云缥缈，村郭若隐若现，灰墙黛瓦的古厝散落在这块面积不大的江洲上，绿树掩映下的宫庙，虽为土木建筑，却从不失威严肃穆之感。

此时，若有夜鸟光顾，飞向浓浓的月色里，总能在静谧的芦苇荡上引起不少骚动。宁静的鳌口古村落，还有许多虔诚的妈祖、吴妈信徒，在明亮的灯光下叠堆着贡银，欣赏着手机里播放的兴化戏，回想着快乐的往事，人生的幸福，便是往昔勤劳堆积而成，脸上也堆着满满的幸福。

若是黄昏来临，巷道幽幽，溪路隐隐。飞鸟云集，田园尽染。云飞雾收，炊烟袅袅，牧牛哞哞……村庄如睡美人一般，酣甜而静谧。溪湖醉了，村庄醉了，心灵也醉了。

假如，木兰溪是一位婉约清秀的美少女。那么，鳌口江心洲就是一位伟岸的少年。少女从高高的仙游山上，一路迂回行百里水路，终于在涵坝闸邂逅了鳌口，结成伴侣，过起快乐的小日子，盖起房屋古厝，筑起樊篱围墙，建起宫殿庙堂，修起阡陌小路，架起拱桥亭阁……

这是水与土的自然融合，也是人与神的精神契合，尽管我们有时会忘记她曾经的奔腾，留下的只有远离尘嚣的温馨。经过世代鳌口人的接续累积，才有了今天的牙口码头、陈氏古厝、顺济庙、永安宫、凤仪府等等。这些不能用财富比拟的历史文物，是留给我们这一代人的物质与非物质文化遗产，是子孙后代的精神家园。

鳌口的春啊，留恋的何止是远在他乡的游子，还有那高飞的鸿雁，飘逸的白云，以及缠绵的薄雾。

岁序转眼挺进了夏天，但我的心遗落在浪漫的春天里，还回味着与鳌口的那场邂逅。

拜谒木兰溪

魏宝儿

木兰溪是兴化儿女的母亲河。她从戴云山东部崇山峻岭中逶迤而来，流过东西乡平原，跃过千年古堰木兰陂，穿过水乡南北洋，浩浩汤汤注入兴化湾。

有人喜欢把河流比作人生，年轻是上游，清澈简单，奔腾激越；年老是下游，饱经沧桑，开阔豁达。悠悠母亲河，从亘古走向未来，从高山奔流入海，演绎着时空交融、跌宕起伏的人生。

家在兰溪畔，临水而居，枕流而眠，对兰水怀有深深的情结。清早，伫立兰溪大堤，凭栏眺望，溪面壮阔，烟水缥缈。远山含黛，连绵起伏。沿岸的楼宇鳞次栉比，高耸入云。徐徐溪风，带着温润湿意，带着淡淡水香，带着清新爽人的气息拂面而来。放眼兰溪束水大堤，巍巍然，如水上长城，似巨人长臂，护拥着那一溪秋水，缓缓前行，消失在苍茫天际和大海之间。

最喜欢默默地站在溪畔观海潮律动，听潮起潮落声音。下游的兰溪连着大海，她的心就有了和海洋一样脉动。从大海来的海潮，汹涌澎湃，争先涌入三江口，溯流而上，穿越兰溪宽阔河床后，就像投入母亲温软的怀抱，感受母爱的柔情，原来的波涛汹涌变为波平如砥，激情四射变成平心静气，潮起潮落也变得舒缓悠长。

溪滩上的芦苇纤细翠绿，肆意生长，一竿竿簇拥成一丛丛，一丛丛连绵成一片片，在溪水和芦苇间勾勒出一条弯弯曲曲渐行渐远的绿线，映衬得溪水更加蜿蜒绵长。退潮后，露出水面的芦苇，亭亭玉立，更是清丽。恰逢芦花盛开，一蓬蓬一簇簇，缀满竿头。一阵清风，芦花飞扬，花絮满天，丝丝缕缕，似空中轻歌曼舞，展柔曼身姿；似情侣缠绵，互诉衷肠。芦苇摇曳，花絮生姿，充满了诗情画意。

水鸟在兰溪悠然自得繁衍栖息，或翱翔蓝天或驻足芦苇。那一群群白鹭，有的张开雪白翅膀自顾梳翎，有的飞翔清波之上，飞起飞落，在空中画出一道道美丽的曲线，定格成一幅幅动感十足的迷人画面。流连在河滩上的白鹭，挺立着修长的腿，迈着轻松优雅的步子，在松软的滩泥上觅食，留下一串串绵密的脚印。

夜幕下，穿城而过的兰溪，在溪桥林园夜景灯光和两岸高楼林立霓虹灯的映衬下，如披上了一层华丽的面纱，影影绰绰。灯火倒映水面，随着阵阵涟漪，波光粼粼，仿佛是无数烛光在水中燃烧耀动，又像母亲慈祥目光，透着温情，透着柔和，凝视着两岸大地和深邃夜空。

兴化大地有了兰水而生生不息，有了兰水而繁荣美丽。然而，面对大海尽头，溪水还是那样平静安宁，不张扬不喧哗，默默地绕过巍峨的壶公山，缓缓流进美丽的荔林水乡，静静地穿越繁华闹市，深深地淌入莆阳儿女的心田。而后，从容地迈入兴化湾，投向大海的怀抱，完成了一次生命轮回。如果把兰溪下游比作母亲河的老年人生，那是“老”在胸怀宽阔，净浊水纳海潮，包罗万象；“老”在面对尘世的喧嚣和赞美，淡定从容，宠辱不惊；“老”在历经沧桑，依然初心不改，化水为乳，奔流不息。

兰溪母亲河如此无私、奉献、坚韧、包容，是因为仙游山的青山绿水涵养了她一颗纯洁透亮的心，万物生灵催生了她母性的情感，高山的磅礴气势激发了她胸怀天下的豪情。莽莽大山里有她人生最自然质朴的一面。

溯溪而上，到仙游山去，探访母亲河韶华青春人生，拜谒母亲河神圣源头。

半岭村，兰溪通往西乡平原的山间门户，地势险峻，溪流湍急。仿佛是为了考验拜谒者，登山的路坡陡道窄，绕山脊，盘山谷，迂回曲折。深沟险壑，如影随形，旁出左右。越往上游，山谷湿意越浓，溪水欢悦穿行崖下，漫过石板，清音悦耳。两侧崖壁不时有细泉飞流直下，飞珠溅玉，水雾弥漫。虽是深秋时节，但这里的秋总是姗姗来迟，山色依旧满目青翠，最知时节的枫树，枝头披挂着片片泛黄的叶子，透露出一丝秋意。花草树木弥漫的气息也逐渐萦绕过来，深吸一口，沁人肺腑。饱览了青山绿水，呼吸了山涧水畔清逸之气，聆听了流水的天籁之音，把身上沾染的尘世污浊涤荡许多，有了平和的心和清澈明眸，该是与母亲河对视的时候。

黄坑头，一个镶嵌在山间台地不起眼的小山丘，青松翠竹缀满山头。西南面山坡一小沟谷，覆盖着茂盛茅草，蜿蜒向上延伸。不远处的山谷尽头矗立着一块状如水滴的巨石，上书“源”字，这就是诞生母亲河的摇篮了。没有山花簇拥的浪漫情调，没有山泉叮咚作响的欢快清音，没有悬崖峭壁构筑飞流直下的舞台，诞生母亲河的摇篮竟是如此至简至朴。山巅秋风飒飒，松涛阵阵和鸣，竹叶婆娑起舞，使寂静的山谷有了动感生息。走近源头，只见一汪泉水碧绿透亮，缓缓地溢出，沿着又浅又小的沟槽静静流淌，汇聚了两旁草丛渗出的泉水，变成了一注涓涓细流。这细流是那么眇小，那么孱弱，一场山洪暴雨都能将她冲毁改道，一次干旱能使她枯竭断流，一只手掌都能把她拦腰截断。但就是这样一注不起眼的细流，却又那么坚定执着地开始了汇纳百川、润泽苍生、奔流入海的波澜壮举，其意志，其抱负，令人感慨，令人震撼。

源头的这滴水，虽生在高位，却愿自处低下，无怨无悔，向下奔腾：柔软无形，却能冲破千山万岭阻隔，沉积茫茫沃野；无色无味，却能沿途洒播春的绿色、秋的金黄，描绘出色彩斑斓的百里艺术画廊。千百年来，滋润着兴化大地，沉淀着厚重历史，孕育出灿烂文化，哺育了无数的贤人志士，蕴藏的文采豪气。面对这水，心中庄严肃穆之情油然而生，不由地俯下身子掬一捧，深情地吮吸一口。虽然深秋的山泉冰凉彻骨，但心底却冒出一缕温热的情丝，因为这是母亲河无比甘甜的乳汁。对开启母亲河人生之旅的这一汪水，投去的目光久久不愿离去。

漫步高山之巅，突发奇想，江河“奔流到海不复回”只是诗人臆想，充满母爱和灵性的兰水不会一去不复回，她深深眷恋着这片生养她的土地，牵挂着她用乳汁滋养的大地芸芸众生。在大海的怀抱里，她借助太阳光辉，蒸腾九霄，化作云雾，伴随着徐徐而来的东海风，返回日夜思念的这片土地。天边那一朵朵殷红如血的彩霞，一定是母亲河心血演化而来的，那些仪态万方的云朵里，一定有母亲河美丽的身影。此刻，她用那双柔和慈祥的目光，饱含深情地俯视着这片苍茫大地。当需要她时，又义无反顾化作雨露甘霖，洒播人间大地，使生命萌动，万物葱茏，生机盎然。而后，从容地迈入大海，开始了又一次的生命轮回，如此往复，生生不息……

木兰溪边看放生石

韩 冰

面溪的村庄，自然对木兰溪有着天生的热爱。我们来看流经华亭西沙村境内的这一段木兰溪，木兰溪防洪堤坝一直延伸而来，从城市里往上游铺展过来。不久之前这里发过大水，大水过后，溪边的果树上挂满塑料袋等一些杂物。沙地上种有作物，如青菜、秋葵、韭菜、地瓜等。

踩过松软泥泞的沙质地，来看溪边的放生石。我们从岸上的各个角度，试图看到“放生石”三个字，遍寻不得。放生石稳如泰山，旁边依偎一块石头，形如乌龟。老人们说，从前这里有乌龟出没，大如“米筛”，小如“龙公碗”，时常结伴游来，爬上巨石看风景。龟乃神圣灵性之物，龟年鹤寿，麟凤龟龙。华亭乃风水宝地，位于华亭境内的莆田四大佛教名寺之一即为龟山寺，和龟有着不可思议的姻缘。

村民亦是善良有敬畏心，看见巨龟，从不捕捉。那乌龟亦似通人性，有一回发大水乌龟被冲上溪岸，村里人怜之爱之，帮着放到放生石处。本来乌龟面朝溪，但见乌龟慢慢转过身来伸出头，点一下，又点一下，仿佛向村人感恩致意。第二年，龟又带着一群小龟前来，爬到巨石上，向村里点点头，仿佛叩首言谢。此去经年，龟自重情常来石上，放生石因此得名。村民与神龟亦和谐相处，共看云飞溪走。

刚好读到一则故事：2011 年，一只被海上泄漏的石油呛得奄奄一息的小企鹅，漂流到巴西里约热内卢附近的一处海岛渔村，被 71 岁的老渔民若昂花了一周时间清洗，活了下来。渔民在确定企鹅完全康复后放归大海。然而无论怎样，企鹅都不走。两个老伙计相处了 11 个月之久，企鹅突然不见了。可到第二年 6 月，它却回来了，用带着海腥味的嘴亲吻老人，黏着老人。此后 5 年，企鹅每年 6 月来，次年 2 月离开，周而复始。生物学家做过精确计算：麦哲伦企鹅的聚居地位于南美洲南端，从距离上估算，它每次游大约 8000 千米。一路上，它要克服疲惫和疾病，躲过海豹、鲸鱼等天敌，只为与它生命中的恩人相聚。

生命如此短暂。人类只顾利益，伤心、争吵、斤斤计较，而这只憨笨的小企鹅比谁都明白要抓紧时间去爱和感恩。我们的放生石故事，和这个故事有异曲同工之妙。站在溪边，清风吹来，让人思绪万千。

往上游看，木兰溪有一个大湾，名为“西湾”。说是从前莆阳名人士子常往返溪上，歌咏唱和，泛舟漫游，那石上可否留有墨宝？试想钱四娘选址筑陂时，也是从这溪上来来往往的吧，有一些友人在此送别，有一些在此直挂云帆，去往他乡。谁曾在此乘舟欲行，谁又在此踏歌相送。

时光远去，沧海桑田，此刻的木兰溪，带着母亲河的那份宽容、淡然和沉静。溪中有白鹭掠过，有一条渔舟顺流而下，我们手掌握成喇叭状，试图喊住他们，帮忙看看放生石临溪的那一面，可否有莆阳明代状元柯潜先生题写的“放生石”三字。许是溪风太大，许是小舟太急，匆匆而过，留下悬念的果实一枚。

木兰溪上九龙潭

韩暖暖

关于九龙潭，有诸多神奇的传说，木兰溪流经华亭樟林村处，天然的一湾潭水，传说曾有九龙出没。据村里老人和陪同采风的“阿饼糕”说，以前溪上船只往返，常在九龙潭放鞭炮，拜祭龙王，祈愿平安往返。20世纪50年代，有一年大旱，溪水断流，南北洋平原百姓嗷嗷待哺，用四个人踩的水车踏水救旱，踩了半个月，方露出潭底。用织布的线一斤，系了石子，大抵可触到潭底，可见九龙潭有多深。也有说是因为九龙潭底下和大海相通，故潭水不枯不竭。此地离木兰陂倒也不远，造化神奇，许是如此罢。

樟林村背靠九龙山，九龙山连着壶公山，面朝木兰溪。九龙潭边有条羊肠小道和兴沙村相连，形似半岛。风景自然也是好的，只是去往对面的陆地，多有不便。樟林大桥修建之前，往城里要经过虹吸管（东圳水库引水往沿海的跨木兰溪水利工程），或更下游的木兰陂，交通相当不便。摆渡，成为了两岸往来的一种必然方式。

读文字里的渡口、摆渡，感觉有说不出的浪漫。你可能不由地想到沈从文的《边城》，想到船家少女翠翠。现实中的摆渡人和过溪人，其艰辛，外人难知。可以确定的是，在溪上往返，“江上往来者，出没风波里”。由此，码头处建有永贤亭，供奉观世音菩萨，对联：“兰水潆洄涵慧月，紫山环抱护慈云。”来回船只靠岸系缆，在此稍作休息，在拜石上虔诚叩拜祈保平安。

此处旧名太平渡，我们找不到渡口石碑，木兰溪两岸在修防洪堤坝，高大的堤岸一直往上延伸，设计成景观带。上了年纪的老人说，公母石不见了，知青场也拆了，宋时太平渡三个字的石碑也找不到了。樟林原先是因为大片古老的樟树林，樟树成林而得名。樟树林也没了，很多沉在溪底，村民约定俗成，若有捞起，拿去建学校、宫庙，不敢私用。

如今，樟林大桥横跨木兰溪两岸。木兰大道绕村而过，交通便利，溪流也在整治中，恢复一些清澈，岸上风吹来，沧海桑田，往事悠远。行走在时光中，一些东西在悄然消失，一些东西在默然生长。

岁月深处的柔情

陈秋钦

家乡莆田，古称“兴化”，也称“莆阳”。

母亲河木兰溪，总长只有 105 千米，但她却是闽中最大的溪流，也是福建“五江一溪”重要的溪流之一。她戴云而来，穿过百里鸟语花香，带着朗朗笑声投入海的怀抱。

木兰溪，这个美丽的名字和一位读书人有关，他叫郑露。郑露来莆讲学，创建了书堂，为兴化大地播散文明的种子。他钟情木兰，在南山书堂周围均有栽培种植木兰。离别时，莆田百姓纷纷将木兰花朵撒向舟上、溪里，花团锦簇，相伴而去，以此比喻锦绣前程。人们以这种独特的方式深深地思念他，惦记他，此溪命名“木兰溪”。

木兰溪，水流特点是流量大小不一，变化悬殊，易涨易退。她的威力对于住在木兰溪畔的人深有感触。

木兰溪安静如处子，比谁都温柔可亲。木兰溪的水真静啊，静得让你感觉不到它在流动；木兰溪的水真清啊，清得可以看见溪底的沙石；木兰溪的水真绿啊，绿得仿佛那是一块无瑕的翡翠。

小伙伴们重复着卷起裤脚，偷偷摸摸到小溪里去捕鱼摸虾，你追我赶，欢声笑语。累了，他们就坐在岸边，望着溪里的小鱼小虾，望着湛蓝的天空洁白的云，鸟儿竞逐，相映成画。夕阳西下，溪面呈现出一片“一道残阳铺水中，半江瑟瑟半江红”的美好意境……

溪岸边随处可见人家门前皆晾晒衣服和青菜。红薯多带藤悬挂在屋檐下。用棕衣做成的口袋，装满了花生或桃子，也多悬挂在屋檐下。屋角隅各处有大小鸡叫着玩着。间或有男子占据在自己屋前门限上锯木，或用斧头劈树，把劈好的柴堆到敞坪里，一座一座如宝塔。又或可以见到几个中年妇人，穿了浆洗得极硬的蓝布衣裳，胸前扣花围裙，躬着腰在日光下在木兰溪岸捣衣服，嘴里东家长西家短议论，不时传来阵阵欢声笑语，盖过溪流声……一切总永远那么静寂，每个美好而平淡的日子皆在这种单纯寂寞里过去。

但是，木兰溪生气起来，不是谁都能承受她的威力。六七月，山洪暴发，溪水猛涨。溪水短时间内，突涨数丈，黄水滔滔，巨浪滚滚。说来就来，村民们吓得面如土色，胆战心惊，谈水色变。为了保住性命，很多人背井离乡，移到山上盖房子，繁衍后代……留下来的那些人守住木兰溪，战天斗地，与大自然作殊死搏斗。我的祖父就是其中的一个，他身上有一种与生俱来自信、乐观的精神，以及“兵来将挡，水来土掩”的生死由天、无所畏惧的英雄气概。

溪中涨了春水，人人皆骂着嚷着，带了包袱、铺盖、米缸，纷纷到亲戚家躲难。水退时，方又从亲戚家搬回来。那一年水若来得特别猛，大家皆在山头呆望。涨水时在山上还可望着骤然展宽的溪面，流水浩浩汤汤，随同山水从上游浮沉而来的有房子、牛、羊、大树。于是，在水势较缓处，便常常有人驾了小船，一见溪心浮沉而来的是一匹牲畜，一段小木，或一只空船，船上有一个妇人或一个小孩哭喊的声音，便急急地把船划过去，在下游迎着了那个目的物，把它用长绳系定，再向岸边桨去。每逢山洪暴发，爷爷总会说：“钦钦，走去看大水！”那神情，那语气，如女孩说逛街买衣服一般神往、轻松、随意，活泼，幽默。雨后，爷爷常常拉着我稚嫩的双手去木兰溪。看到一些稀奇古怪的现象：野猪，野狗，野兔……跟洪水作战，精疲力尽，奄奄一息，望着这一幕，心生怜悯之心，爷爷用力地拉一下，放在地上。那时我躲在爷爷背后拉着他的衣角，心揪得紧紧的，别的小孩子见到了都作鸟兽散。

有时，上游的房屋都被无情地冲走。爷爷和爸爸是村里的强劳力，凭着身强体壮，大水一来，总给家里带来一些意外的惊喜，令全村的人羡慕不已。爷爷自制一把长长的竹篙，它的顶上绑着尖尖的铁钩似“鹰嘴”，尖锐无比。全村的男人站在岸上，站成一排，场面蔚为壮观。爷

爷站在那里，眼睛眯成一条缝，就像猎人等待猎物的出现。他迅速甩出“竹篙”，准确无误地钉在木柴上。乡亲们投去赞赏的眼光，不由得上前一起拉一把，相当给力。捞了一些木柴，母亲便会在院子里晒，一年的柴火都不用担心。爷爷为人大方，觉得“庞然大物”独吞下来，良心上过不去，便用地瓜酒招待帮忙的乡亲，喝一盅……大家醉得稀里糊涂，还没清醒过来，上游的失主来寻找，母亲便毫不犹豫地还给她。失主为了表示感谢，顺带了一些糖果塞到我手里。糖果在那贫困的岁月是一种奢侈品，母亲口头上象征性地拒绝，我的口水都流出来了。也许，从那时起，物归原主、礼尚往来、学会感恩这些美好的品质深深地种植在我的心里。

山川如昨，风景已殊。治理后的木兰溪“变害为利、造福人民”，才有了今日的“生命之水、安全之水、生态之水”，才有了木兰溪两岸的旖旎风光，才有了莆阳大地的朗朗笑声。

少年与母亲河

丁运时

莆田水系发达，水网密布，河湖众多。

千百年来，横贯莆田市中、南部，自西北向东流经莆田市的仙游县、城厢区、荔城区、涵江区等地区，至三江口注入兴化湾入台湾海峡的木兰溪，就是哺育莆田人民的母亲河。她的干流全长105千米，流域面积1732平方千米，为福建省八大河流之一，天然落差784米。因此，木兰溪是当地人民最挚爱、最美丽的母亲河、家乡河。她蜿蜒曲折如同一条玉带，镶嵌在莆田大地上；她让莆田的水资源和生态文明，增添了浓墨重彩的一笔！

在莆田市采风时，我最喜欢自古以来流淌在这里的木兰溪。由此，我以清静为名，选择暂住在河滨的一个社区。昔日，工业污染与过度开发让木兰溪原貌不再，水质不佳。近年来，莆田启动了木兰溪流域治污工程，木兰溪深得其益。这里是习近平总书记亲自擘画、全程推动治水工作的先行探索，是中华人民共和国水利史上“变害为利、造福人民”的生动实践，为建设美丽中国提供了生动范本。莆田还积极开展河长制度建设，全力综合整治，重点抓截污、清淤、护岸、生态修复等工作。全市包括木兰溪在内的美丽河湖水生态环境不断优化，流域水体质量全面好转。因此，今日的木兰溪的水质明显提升，生态环境得到恢复，再现了母亲河的历史风貌，焕发出特有的魅力和风采。

我曾经被一幅中国梦的公益广告长久吸引，画面中是一个小女孩和一个小男孩拿着球拍，摆出运动健身的架势，广告主题是“我健身　我圆梦”。2022 年 2 月，北京携手张家口夺取了又一届冬奥会的举办权。这些，都令我蓦然想起一位我认识的阳光少年，他坐在轮椅上飞奔向前的英姿，想起他的中国梦和奥运梦。

在木兰溪边的这个社区里，我就常常看到那个少年的身影。他约十三四岁，眉清目秀，腼腆中带有几分青涩。不笑时，神情与其年龄不相称的忧郁；笑起来，仍然是一脸阳光。可惜，他只能坐在轮椅上，除此之外，他和别的少年没有不同。

阳光灿烂的日子，他一定会坐着轮椅外出到绿廊公园“散步”。偶尔，是个一脸慈爱的中年人（大概是他父亲），推着车不紧不慢地踱着步，时不时地俯下身去和少年小声地说着什么。更多时候，少年独自驾驭着“坐骑”，熟练地在公园熙熙攘攘的人群中穿梭，刹车、转向非常灵活，仿佛一位技术娴熟的“司机”，有板有眼且一丝不苟。

一次采风回来很晚，小区里路静人稀，路灯发出昏黄暗淡的光。我急匆匆赶路，猛然看到另一条小道上隐约有人“驾车”疾驰而过，银光闪闪的钢圈飞速旋转，齿轮发出有节奏的咔哒咔哒声。定睛细瞧，竟是坐轮椅的少年，正以平常不曾见过的高速“驰骋”着呼啸而过。突然，轮椅被路上的砖头给绊了一下，整个儿腾空飞起，少年尖叫一声，重重地摔倒在水泥地上，轮椅飞出去老远，颠覆在路边，轮子空自转个不停，不过好像这轮椅的质量挺好，光圈锃亮，虽然摔了一下，却没有一点损坏。我赶紧跑过去将他扶起来，他咬紧牙关，一声不吭。问他伤到没有，他指指膝盖，哎呀，左膝处的裤子磨破了，血肉模糊。

我扶正轮椅，将少年稳稳地抱上去，推着他到社区医务室包扎。边走边嗔怪：“你看你，晚上干嘛出来，多不安全。再说，那么快干啥？很危险的。”少年耷拉着脑袋，讪讪地道：“我是在训练。”“训练？训什么练？”“叔叔，我有一个梦！梦想能代表莆田去参加残奥会，争取拿块金牌。你看，这是特制的运动轮椅，是那些积极参与治理与保护‘木兰溪’——最美母亲河活动的爱心人士捐助的，我要是不好好训练，就对不起他们的善意和爱心了！我在母亲河边出生，也在河边长大，我想拿到金牌后，想担任保护木兰溪的形象代言人，号召更多的人来保护我们的母亲河！”

我的心像被铁锤重重地一击，半晌说不出话来，想不到，这个小小少年竟然志向远大。他内心充盈着满满的正能量，为了能参加残奥会，为了回报爱心人士，为保护母亲河做出自己的贡献，他因此晚上出来坐在特制轮椅上训练，虽然有一定的危险，他也顾不上了。我悄悄地揉揉了眼睛，仿佛看到少年在奥运赛场上奔驰，他驾驭着轮椅超过了一个又一个竞争对手，第一个撞线；我仿佛看到少年坐着轮椅，高高地登上冠军的奖台，把奖杯举向天空；我又仿佛看到，挂着奥运冠军金牌的少年回到家乡河边，向着一群记者和游客侃侃而谈保护母亲河的重要意义；我还仿佛看到，在一大群护河志愿者的拥戴下，少年终于被推举为“民间河长”，他被志愿者们抬起来，抛向空中又接住，少年兴奋地流出了眼泪……见我很长时间不做声，少年怯怯地说：“叔叔，我的梦能实现吗?”这时，我回到了现实中，我悄悄地揉了揉眼睛，拍了拍坚实的轮椅，坚定地回答：“能，一定能!”

人人都有自己的中国梦，即使一个残疾孩子，也仍然拥有自己的梦。只要有梦，任何不堪的境遇又算得了什么？在见证了莆田积极开展“幸福河湖”建设，取得了巨大成效；在见证了那么多热爱家乡河的爱心人士、护水志愿者巡河护水、捡拾垃圾、加入治水护水行列的感人事迹；在见证了公众的母亲河保护意识不断提升、生态文明建设所取得的成绩之后，谁又敢断言在莆田这片千古热土之上，还有什么样的幸福河湖梦想是永远不能变为现实的呢!

晚步溪上图

许小妹

八年前，城南南门外，古堤边，芳草碧连天。

那时的木兰溪堤上，羊肠土路凹凸不平，杂草野花丛生，芦苇在风中拖曳。堤的外侧是菜地，远处是低矮的农家楼房和有点破旧的牛棚，中间杂陈着荔枝树和龙眼树。黄昏时分，袅袅的干草木燃烧的白烟随风飘散，空气中时常有牛粪的味道。

2021年，城南滨溪路。木兰绿道，散步斜阳外。

华灯初上，小区对面中国国际油画城已灯火通明，路人经过一楼宽敞的店面时，可以快速浏览橱窗里的油画，若是偶然看上一幅入眼的，还可进去欣赏一番。

不远处的人行道上，每天晚上都有一班社区老头老太在唱莆仙戏片断，哪个音唱不上时就大叫“重来重来”，可爱极了。十音八乐锣鼓声梆鼓声阵阵，引得不少路人驻足。

一个红绿灯附近，几十个青春亮丽的女子健身队抓人眼球。每天晚上七点钟，前沿劲爆音乐响起，她们跳起广场舞，服装时尚统一，姿态新颖曼妙，改变了很多人脑海中只有老年人才跳广场舞的观念。有的人在等红绿灯时侧脸看得入迷都忘了过马路。

路边草地上，有的父母和孩子打羽毛球，有的捡球嬉戏，有的跳绳，有的只是兴奋地在草场上翻滚欢笑。

远远的，从附近的篮球场上传来“蓬恰恰”的舞曲声。球场外已经里三层外三层，人影攒动，场内早有一对对舞伴在翩翩起舞。篮球场白天属于篮球爱好者，到晚上，一半是篮球争霸声不断，一半则是舞姿翩跹，互不干扰，很是和谐。

拐弯上数级台阶，就是木兰绿道了。当年土路边的杂草和芦苇早已不见，取而代之的是整洁的绿道，枝繁叶茂的树木，鸡冠紫荆和火焰花比较常见，从春天一直燃烧到夏天。矮矮的灌木篱笆前，是一丛丛小月季和小雏菊。放眼过去，一树一树的火红和嫩黄，脚下是一路的五彩小花，不由得让我真切感受到老子的“五色令人目盲”了。

时逢夜风夜雨，第二天清晨重到堤上来，落英无数，一朵朵带着露珠，让人怜惜。好多次我不由自主捧落花回家，用清水洗净后，置于书案上，泡一杯香茗，抱一本书临窗而读。

炎炎夏日到来，夜晚来木兰绿道上散步的人多了起来。这里也成了许多家庭带孩子玩耍的好地方，大孩子们结伴骑着小黄车，像一群放飞的麻雀闹喳喳飞向远方。小孩子则灵活地玩小滑板车，似乎全身有使不完的劲儿。两旁长长的石椅上，坐着纳凉的人们，有的刷小视频，不时发出傻傻的笑声；有的闭目养神，貌似梦游仙境；有的什么也没做，对着远处放空……

“绿豆老冰棍，小时候的味道！”“芽油，麦芽糖！”不时有电动车伴随着声声叫卖声飘忽而过。精明的小贩看到了这里的商机，推销起解暑饮品来。

最吸引小朋友的还是涂色填画游戏。画板是各种可爱的芭比、奥特曼等，可以涂各种颜色。每个小朋友都很认真涂画，旁边的带娃老爸最开心了，花 10 元钱就能买到安静和轻松。

绿道经过坂头村，村里有个妈祖宫庙，每逢节日，宫前的戏台上都会演一出莆仙戏，远远就会听到锣鼓声和悠长的莆仙戏曲唱腔。每逢此时，我会放慢脚步，看看戏台上忽明忽暗的身影，台下排排坐着的村民，还有围绕着戏台嬉戏打闹的孩童，脑海中闪现出鲁迅先生《社戏》的经典画面。

有时沿着绿道，迎着晚风，披星戴月，沿着绿道一路骑行，绿道的尽头是木兰陂公园。这里有几棵上了年纪的大榕树，树下的石桌石凳纳凉极佳。

千年古陂流水淙淙，陂的那头是钱四娘纪念馆和石雕像，几株古榕树宽广的树荫下，凉风习习，绿草茵茵，地势开阔，也是一家人和三五朋友绝妙的休闲去处。

“清清溪水木兰陂，千载流传颂美诗。公尔忘私谁创始，至今人道是钱妃。”

暮色中的钱四娘石雕像静静地俯瞰着木兰陂。当年这个异乡女子无私大爱的付出，感动了后世代代有志之士，治理木兰溪，变害为利，造福人民。

“人事有闲日，溪流无尽时。悠然心景会，盘礴得归迟。”有空的话，来木兰溪走走，春夏秋冬，晨跑晚步，你一定会有满满的幸福。

仙水蝶变

诗意仙水溪

李雪梅

在这里遇见，纯属偶然。

一脉流水，在看不见源头的地方涌进我的眼里，相和成一曲美妙的弦乐。

我沿着堤岸行走，像一颗尘埃，不急不缓，溪水也是。俯身倾听，溪水潺潺湲湲，或舒缓，或急促，或温婉，或一个音节高过一个音节。仙水溪守着远山的影，流溢出一纸淡墨，轻轻抚慰出静谧的心灵，我不禁定神。

这条溪已经流淌很久了。她发源于西苑乡，流经社硎乡，从榜头镇溪东村汇入木兰溪，主河道长 39.6 千米，榜头段全长 19.35 千米，自后坑村至溪东村，共流经 16 个村（居）。

作为是木兰溪上游的一条支流，仙水溪显得小家碧玉一些，清浅娴静一些。突然想起徐志摩笔下的《再别康桥》："在康河的柔波里，我甘心做一条水草。"我想那康河的水何等的魅力，让其陶醉其中不能自拔，把徐志摩的诗情引到了那康河里，心中也会泛起阵阵涟漪吧！

以前仙水溪中的流水，在经过人们长时间洗礼后也并不清澈。沿岸村民的生活污水、生活垃圾随意排放入溪，畜禽养殖遍布溪岸。自从仙水溪列入县级示范河道以来，有了河长制办公室，清障清污，景观建设，污水处理，水质监管……水质保护在行动。

治水，每个人都是河长。一双双手握成网，层层拦截污染，让美丽不含杂质。经多年整治，仙水溪华丽转身，演奏激昂的发展旋律。如今

的仙水溪流域，形成集旅游观光、文化休闲、体育健身、生态保育于一体的人文自然生态景观带。

远望仙水溪如长长的一条玉带逶迤地流向远方，伸向天际。不想知其源，不能寻其踪。《淮南子·泰族训》有云："河以逶迤故能远，山以陵迟故能高。"水的美除水本身外，溪水以逶迤的姿态呈现在我们眼前，水就有了绝妙的身姿，有了灵气。仙水，仙水，似有仙气。

几只白鹭在水面上戏水，或单脚站立，或展翅欲飞。在一片芦苇密植的浅水边，我竟然看到了一只正在享受孤独的白鹭。它单脚独立在水中，水只没过它细长的小腿。它伸长脖颈，把两只雪白的翅膀努力向上蓬起，对着水面不停地抖动……溪水涓涓流过处，微波荡漾，摇曳生姿。我想王维诗云"漾漾泛菱荇，澄澄映葭苇"，说的也不过如此吧。

我，第一次见到眼前的这条溪水时，它就已经这样了。不！应该准确地说，我没见它时，就应该这样了。当我第一眼看它时，我的心绪被拨动，沉醉于它朴素宁静的自然景致，流连于它秀丽清冽的独特氛围。

溯溪而上，漫步在溪边的步游道上，就这样与内心的风景相遇。清风吹拂，吹动身边草木的葱翠与芳香，也吹动时光不疾不徐的从容与安详。

溪水潺潺，柳色青青，村庄掩映，远山朦胧……绿继续漫延，美重重叠叠。暖暖的三角梅燃亮了新乡村展枝吐艳的日子。仙水溪在最好的光阴下，布置出一个前所未有的春天。

是谁在仙水溪安放了这一处宏图匠心？大智之人必有玲珑心窍。

一方水映出另一方水，一条支流聚合另一条支流，绕过九百九十九道湾，以奔腾的姿势游走，一路向东，直至汇成江河。

这溪水，这草木，田野，远山……徐徐展翅的时光，对于许多人来说，又多了一份热爱的理由。

你来与不来，仙水溪就在仙游，在榜头后坑里承载自信之光，脱胎换骨，溪流宛转。

悠悠仙水走笔

蔡媚春

仙游，这神仙游过的地方，处处充满着神奇的传说，连许多地名也带有神话般的色彩，沾有仙气。在仙游东北之滨，折桂里（榜头镇）有个叫“仙水村”的村庄，环绕其流淌的一条小溪，名曰“仙水溪”。

仙水溪，是一条从《诗经》中流淌出来的小溪。秩秩斯干，悠悠仙水；她纯净、温柔、宽厚而慈祥。仙水溪的水，养育了这里祖祖辈辈的父老乡亲。夏日里，光着脚丫踩在岸边柔软的沙滩趟过小溪时，那滑过肌肤的，绝不是潺潺的溪水，而是儿时记忆里母亲那温柔的手掌……

“翩若惊鸿，婉若游龙。”在我童年记忆里，那条一年四季清澈如初的仙水溪，每当早晨太阳出来时，阳光照射在水面上，金灿灿的，远远望去宛如一条金色游龙，美极了。再长大些，适逢陌上花开，我曾迎着晨风在溪边散步，溪边长满了鲜花。微风吹来，争相在风中起舞，仿佛一个个漂亮的小公主，不禁让人陶醉。此情此境，清澈的水面清晰地倒映出自己的身影，飞扬飒爽，风姿绰约……恰似一幅美丽动人的山水画。

“蒹葭苍苍，白露为霜。”年少时，我曾溯溪而上，想寻找仙水溪的源头，想看看生育她的地方，看看云海苍茫、如黛青山之间何处才是她的出处？又苦于跋涉之累，我不得不止步放弃追寻她的源流传说。长大后，读过书才明白，仙水溪发源于西苑乡前县村，流经西苑、社硎、菜溪、书峰乡，贯穿整个东乡平原。而仙水溪榜头段的源头位于榜头镇的后坑村，流经13个村庄，在榜头镇溪东村汇入木兰溪。

关于仙水溪，还有一个美丽的传说。相传汉武帝元狩年间，安徽庐江何太守与淮南王刘安过从甚密，意欲效忠淮南王谋反。何太守生有九个儿子，长子独目，余者皆盲。有一次，何太守带着九个儿子到王府做客，席间听到淮南王与何太守提到谋反，他们见父亲贪图富贵，只好相携连夜逃离王府，向闽郡进发，历尽千难万险，来到了仙游南边，结枫为亭，是为枫亭。之后，他们从枫亭继续北上，行至仙游东乡地界。刚要登山、涉溪而过时，他们从溪里取水洗脸，一时间奇迹出现了，九人的眼睛居然都复明了。后来，何氏九兄弟在九鲤湖畔炼丹有成，同时跨鲤升天成仙。就因这个动人的传说，这条溪因此就叫“仙水溪”。

我曾顺流而下，追寻仙水溪的去处和归宿，看到的是她在农民伯伯疏导下欢快地流进农田，灌溉着东乡平原的沃土。看到她被乡人用扁担挑进了自家水缸，挑进了菜园。更多的部分则汇入了木兰溪，流进大海。

仙水溪不仅用甘甜的乳汁滋养着土地，更用她弱小的身躯汇集成大海的浩瀚。这就是她的去处、归宿和价值。仙游县最大的古代引水工程官杜陂，就是引仙水溪的水入渠，在历史上曾对当地农业发展发挥了举足轻重的作用。中华人民共和国成立后，水利部门经过多次修复加固，使其实现了灌溉防洪效益最大化。

据《榜头镇志》载：“杜陂渠陂堰口位于赤荷村溪口，引仙水溪水入渠，灌溉东乡平原的中部。据传建于宋代淳熙三年（1176 年）”。杜陂建成后，可灌溉当地农田 466.7 公顷，群众引种靛青加工为青黛以染布，葛布花色品种和产量成倍增长，畅销乡里内外。至明朝正德八年(1513 年)，紫泽村溪头埔村人陈光乾自任陂首，倡议整修杜陂，向陂户征收一部分钱粮，自己还慷慨解囊，捐赠部分家产修陂。他改用丈二的条石取代卵石修堰，同时在陂渠落差大的地方，建了不少水磨房，工程牢固，历经四百多年洪水冲击而屹立不倒。水磨房每年还要交纳租金，用于陂渠维修。这种“以磨养渠”的办法，是杜陂水渠管理上的一大创举，一度出现过“杜陂十八磨”的繁荣景象。

关于仙水溪的官陂，坊间还流传有“尚书渠”的故事。“千年雨露，百年春风，巍然官陂，永颂郑公”，说的是明朝万历年间的刑部员外郎郑瑞星。明万历二十二年（1594年），郑瑞星告老返乡，养归至榜头镇灵山村科井。郑公关心家乡水利建设，献出历年积蓄俸禄，发动里民在赤荷村溪口处筑坝截流、开渠，引水17千米，使附近一带333.3公顷旱地变成良田，这就是官陂渠。官陂居上，杜陂居下，相距150米，是仙游县最大的古代引水工程。

仙水溪畔的金柳，在徐志摩眼中或许就是那个夕阳中的“新娘”，但是在我的眼中，却是一代游子的乡愁。几十年来，我在岸边看仙水溪。归去来兮，多少年没有去看望家乡的仙水溪了，故乡的仙水溪与我坐忘在光阴的两岸，难以忘怀。思念中的仙水溪，很多时候是就着薄酒，趁着微醺，对着月儿……在那里，我安宁，我踏实，仙水溪网住我的心。

再相见，久违的仙水溪以及至今已有427年历史的官陂渠，即将也正在迎来新生。自2014年榜头镇入选福建省首批小城市培育试点后，镇政府开始实施木兰溪小流域整治，以防洪治涝为主，统筹兼顾水环境、水景观等建设。作为木兰溪支流的仙水溪，官杜陂流域环境质量也得到明显提升。2015年，来源于中央小流域补助资金，总投资3200万元的仙水溪流域综合整治工程全部完工。经有关部门鉴定：仙水溪的水质较好，源头处符合国标Ⅲ类要求，甚至达到国标Ⅱ类。

当下，莆田市正推进莆田河湖长制及生态文明建设，树立和践行“绿山青山就是金山银山”的理念，犹如一股和煦的春风，吹到仙水溪两岸。政府投入了大量的资金，把河道、溪床清理干净了，扮靓了。如今的仙水溪已是“河畅、水清、岸绿、景美”。

如今，一条更加纯净、温柔、宽厚、慈祥的仙水溪，将向世人惊艳呈现，一如儿时母亲温柔的手掌……

曲水流觞赤石溪

郑志忠

深秋的赤石溪，挺拔着一身风骨，留下了独一无二的风景。溪两旁改造为生态景观公园，内设法制公园、文化广场、景观廊桥及游步道等基础设施，成为造福人民的幸福河湖，让人心旷神怡。这风景，是眉目间流转的山河岁月，更是心河湖海里流淌的旖旎风光。

沿着仙游县赤石溪兰石段，进入虎潭秘境。虎潭瀑美石奇水兰，循着山间小道，听着书峰乡兰石驻村书记的解说，心里想着这组美好的关键词，不由得健步如飞。从古桥遗韵走过，民间传说这是一座宋桥，溪畔的石刻告诉你，这是明代建造的桥。不管是哪个年代修建的，古桥像赤石河一样既淳朴又源远流长，记载着劳动人民的勤劳与智慧。漫步桥上，既是一种怀旧，也是一种憧憬。

弯弯曲曲的山路下去，有一条水渠一往而情深地延伸着。沿着堤岸走，仿佛觉得人变得好空，好轻，好静。眼前的闸坝、沟渠、隧洞、渡槽、倒虹吸管……默念着这水浇灌着万顷良田、滋养着万千生灵。漫步曲水旁，蜿蜒辗转，随意自在，这是陶潜的心灵写照，也是东坡想要的宁静。驻足在水一方，细细地看水的故事，观赏到的是生命之源、生产之要、生态之基，眺望的是一个拥有天蓝、地绿、水清、人和的兰石。

老虎蹲踞崖顶，激水穿越而过，飞流山崖，下临深潭，故名虎潭。伫立在潭边卧石上，从大宋飘来的风，似乎也醉在这云烟中。只见潭水透彻见底，波澜不惊，碧蓝颜色与湛蓝天空交相辉映，可谓水天一色。曾记否，桐花翩翩的情意，放飞一次那烟雨朦胧的念想，只有那一潭的

碧水，一湖的清波，一腔的热情：那就是驻村书记的乡愁，振兴兰石，舍我其谁！干事创业，要的是这种豪气干云天的劲头和精神。

今后的虎潭秘境以虎潭的“惊、险、奇”为核心区，融合闽台农业（枇杷采摘、中草药基地、花千谷）、传统文化（状元文化、二十四孝文化）、时尚旅游（水世界、儿童乐园、动物世界）、森林康养（康养小镇、禅修院、仙妈庙）为体，建设成为莆田市文化旅游示范村、乡村振兴的典范。上游溪床上遍布大小不一、形状各异洞穴百余个，取名为仙人井、仙人床。中游有潭水如翡翠般碧绿的水缸潭、八字潭，下游有纵深几十米高的瀑布景观。

仰望悬崖瀑布，只听到一种轻轻的声音，悦耳动听，给人一种宁静的享受。置身山底，寄情于山水之中，流云之上，心灵感触到的是空灵。暂且放下生活的繁琐与负累，体会这无处不在的生机与希望。心事如水，随高山落下的忧愁，也淡淡地化为云烟，神如仙逸。回眸看去，奇石遍布，零零散散妆饰了一个多彩的景致。那是远古时期，女娲补天时遗落在人间的石头。仿佛一瞬间，感到万物谐有一切灵性，自始至终环绕在我们周围，让你思虑着来自心灵的历史命题。

琅嬛福地，康庄大道，驻村书记的信念，特立独行，独辟蹊径，他要的是曲水流觞。他策划这清幽的山水、秀丽的风景，去吸引全国各地书法名流的捧场，再书一幅新时代的《兰亭集序》，成为遍布溪岸的摩崖石刻。让这风流集会与美好时光，不知不觉地在曲水流觞中流成一道永恒的景观。

待那时故地重游，人在画中游，看奇石上题刻，字字不同，各逞美态，给人留下的是美好的念想；字字不同，各逞美态，给人留下的是念想，分享的是美好的愉悦。天也清朗，风也和畅，宇宙是那么大，万物是如此盛，眼前的一切都将是如此美好。

江河湖泊保护治理是关系中华民族伟大复兴的千秋大计。建设造福人民的幸福河湖，就得把水资源节约保护贯穿水利工程补短板、水利行业强监管全过程，融入经济社会发展和生态文明建设各方面，促进实现防洪保安全、优质水资源、健康水生态、宜居水环境、先进水文化相统一的江河治理保护目标。

灵性的感悟，只留下最终的思索与期待。我想起了《老子》中的一句话："居善地，心善渊，与善仁，言善信。"这寥寥十二字，它蕴藏着无尽的处世哲学。"正善治，事善能，动善时。"这寥寥九个字，无疑也是为政者最好的一面镜子。建好幸福河湖，实现以水定村、以水定地、以水定人、以水定产，让老百姓过上幸福美满的生活，向党和人民交上一份乡村振兴的新答卷。

藏在深闺的赤石溪

卢永芳

赤石溪，古名安吉溪，发源于兴贤里龙湫，东行四十里，过赤石桥，流经榜头碧溪、仙水溪，最后汇入木兰溪。值得一提的是，安吉溪流经赤石地段，因这里人烟辐辏，俨若世外桃源，该溪又得名“赤石溪”，广为人知。

相传，福建郭氏入莆最早的开基、开族之地就在赤石，并留下郭宅宫一座。后来，赤石郭氏外迁榜头碧溪，遂培育出兵部郎中郭琪（字大玉，北宋庆历二年进士），连蔡襄都作诗凭吊称“如山判笔心常壮，为国忠魂势莫惊”。由是可知，赤石地方至少在宋代已然开发了。

可是，赤石的地名却是在明代形成的。

传说，社硎上埠卢氏宗祠风水较好，有猛虎跳墙之誉。其中，有一户青年男子病逝，地师告诉他妻子说：“尊夫所葬是瘸腿猛虎，一待葬后，你立刻带着细软，能走多远，就走多远。到了你走不动时，停下来歇脚之处，即是你安身立命之所。”这妇人听信地师的话，连夜逃走，因腹中有孕，仅走到书峰境内就意外生产，诞下麟子，而周围石头被她的产血染红，皆成赤色。后来卢氏在此地开枝散叶，蔚为大族，因此这块地方就被人喊为“赤石”，而安吉溪也随俗改称“赤石溪”了。

到了明万历年间（1573－1620 年），赤石溪边山峦叠翠，风光秀丽。地方名士郑子衡就联合秀才卢士瓒一起倡建寺庙，便于乡人礼佛，是为昙林院。据叶和侃《仙游县志》记载：“昙林院，在安贤里。山如狮子，溪绕山麓，旧有桥横锁两山。明万历间，郑于衡偕诸生卢士瓒

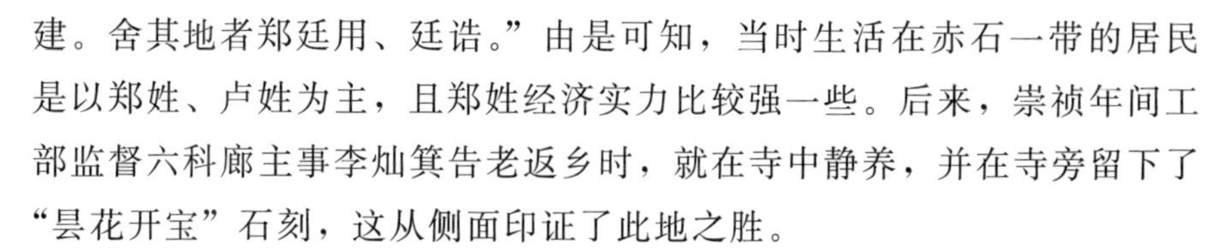

建。舍其地者郑廷用、廷诰。”由是可知，当时生活在赤石一带的居民是以郑姓、卢姓为主，且郑姓经济实力比较强一些。后来，崇祯年间工部监督六科廊主事李灿箕告老返乡时，就在寺中静养，并在寺旁留下了“昙花开宝”石刻，这从侧面印证了此地之胜。

赤石溪是赤石地方的主要溪流，因处山间盆地，每逢暴雨季节，水漫两岸，影响群众通行，这里的群众就合力建造了赤石桥。可是，这座赤石桥屡修屡废，附近居民苦不堪言。天启年间（1621—1627 年），富有爱心的郑廷诰又大发善心，在桥的旧基上重建石桥，结果没过多久，又被山洪冲毁了。清康熙年间（1662—1722 年），里人林向春联合郑廷诰之子郑大任、郑士俊之子郑藩等，再次重建石桥，并建亭在桥上，以水石交映似锦，亦名“锦桥”。不料，到了康熙十九年（1680 年），这座桥梁又被大水冲毁。又过了数十年，泉州人施韬带头捐资修桥，还获得时任仙游县令支持，最后由里人卢圣锡、郑芳兰负责修造，这才在乾隆二十三年（1758 年）夏天重修成功，并勒石纪念。2018 年，这座桥梁被命名为“兰石虹桥”，载入仙游县不可移动文物保护名录。

据清康熙十九年（1680 年）《仙游县志》记载：“自桥（即赤石桥）逶迤而出，有九漈。”至于到底都有哪九漈呢？该志给出了详尽的记录及说明。具体如下：

一浴盆，旁有仙迹盆，体圆而浅阔，不溢不涸，虽旱如常。

二玉井，深不数尺，晶莹如玉。每男妇春游，投石数万片，不知从何消泄。

三天鼓，比雷轰声较清越，镗嗒节奏，响彻云霄。

四偃月，圆明清沏，即天然宝镜，少此光华。

五丹葫，状似葫芦，或传有仙人炼丹于此。

六珠渊，众水投壑，碎如喷珠而下。

七犹龙，口口夭矫廻顾，如欲潜又似欲飞。明天启时，孝廉李灿箕石篆“犹龙”二字。

八石门，两扇峭立，端的似斤斧削成。

九啸虎，踞足开口，有咆哮气象，游人樵牧不敢逼视，自是而下，尚有月华洞、观澜台、将石种种奇观。徒存旧址，是有望于表彰兴复

者。庠士郑大任、士骏有诗纪胜，另述。

可见，赤石溪上还分布着如此美丽的风景，但因这里地处偏僻，知者不多，只好藏在深闺，不得外扬了。

近年来，在木兰溪流域综合治理和乡村振兴战略的双轮驱动下，兰石村以赤石溪为主轴，积极创建虎潭曲水流觞景区、赤石溪人文休闲景区、绿源名贵植物园景区、芹山寨（云峰岩）红色旅游景区等四大景区，尤以名贵植物园、虎潭四漈瀑布、昙林壁响、知青文化展示馆等为最著。与此同时，该村还筹集60多万元资金，对赤石溪河道进行整治，不仅加高了河岸，还精心做了水泥仿木制的护栏。随后，村里再次出资改造提升绿化亮化工程，在河岸两旁种植了1.33公顷的格桑花、金盏菊和樱花，还修建了路灯和草坪音响，给广大村民休闲娱乐提供了最佳的场所。2018年4月底至5月初，该村成功举办了“山水兰石秀　十里枇杷香”第三届仙游书峰枇杷文化旅游节，单日成功吸引3万多的客流量，已成为莆田市文化旅游示范村、乡村振兴的典范。

华丽蝶变仙水溪

刘美花

深秋时节，仙游县榜头镇莲墘大桥下的仙水溪溪滨公园，但见步游道蜿蜒曲折，满眼绿植倒映溪中，水鸟不时掠过激起醉人涟漪……

作为木兰溪的重要支流，仙水溪去年被列入全市幸福河湖建设示范河道，水质长期稳定保持在国家地表水环境质量Ⅱ类标准以上，实现了从“美丽”向“幸福”的华丽蝶变。

悠悠仙水溪，发源于仙游县西苑乡凤山村，流经西苑、社硎、榜头等乡镇，在榜头镇溪东社区汇入木兰溪，长 39.6 千米，流域面积 235 平方千米，总落差 301.6 米。作为榜头镇的主要河道，她滋润着榜头镇仙水、芹山、赤何等 16 个村庄，哺育着世世代代的榜头人民。承载着近 20 万老百姓的深厚感情，也是该镇防洪排涝的主要水利设施，具有重要的农业灌溉功能，可谓是榜头人民的“母亲河”。

为保护好仙水溪生态环境，近年来，榜头镇深入开展仙水溪流域综合治理、规模畜禽养殖场整治、“清四乱”，以及佛珠作坊整治、污水管网建设等行动，大力推进生活垃圾收运处理设施和生活污水处理设施建设，推行“智慧治水”新模式，实施打造幸福河湖项目。同时，根据河流实际情况，设置镇、村两级河长，聘用专职河道专管员，负责全镇河道的日常巡查与信息反馈、涉河工程的管护等，使仙水溪换了一番模样。

打造“电子河长”，是该镇科学治水护河的一大创举。为破解河道监管点多线长面广、难度大、力量不足等问题，该镇运用智慧河长管理系统展，开线上线下同步巡河。累计投资200多万元，建设视频监控系统，在仙水溪及木兰溪榜头段安装视频监控206个，实现24小时远程监控、指挥，成功推行了“智慧治水”新模式，保障了“母亲河”的生态环境质量稳步提升。

在仙水溪整治过程中，榜头镇加大资金投入，持续发力实施治水项目建设，确保达到“河畅、水清、岸绿、景美、安全、生态”的效果。针对原本河道年久失修、河岸坍塌、环境杂乱无章、防洪能力差，并时常存在垃圾漂浮淤泥堆积现象，该镇围绕“实现全流域治理”目标，结合地理风貌、河道走向和省级小城市创建，共策划仙水溪万里安全生态水系工程、小流域治理等17个总投资4.9亿元的项目，推动仙水溪流域升级。不仅满足防洪排涝、农田灌溉功能，还拓宽修堤，增设节点景观，形成集旅游观光、文化休闲、体育健身、生态保育于一体的人文自然生态景观带。

今年，该镇在仙水溪溪滨公园基础上，实施仙水溪幸福河湖项目。截至目前，已完成莲墘桥头入口景观提升、儿童传声筒等一期体现“自然生态、现代都市、人文亲情”设计理念的生态景观工程，与仙水溪沿线景观相得益彰。为持续推进“全流域治水”，强势带动红木产业转型升级，推动乡村振兴战略落实落细，该镇在打造幸福河湖中，立足“中国古典工艺家具之都”核心生产销售区这一优势，于7月起因地制宜地启动“仙作＋乡村振兴示范带”建设。聚焦仙作品牌，以高标准打造六条“仙作＋乡村振兴示范带”，突出以昂扬的精神状态和脚踏实地的工作作风，为群众谋发展谋福利，守护好村民的精神家园，逐步实现农业强、农村美、农民富的发展新格局。

2021年7月10日上午，以“百年华诞普天庆，幸福生活颂党恩”为主题的首届仙水溪幸福跑活动吸引了运动健儿，从坝下桥起跑，穿行全镇16个村（居），沿着新建成的仙水溪溪滨公园步游道奔跑至终点莲乾桥。在全长约4.2千米的跑程里，参赛者共享河畅、水清、岸绿、景美的水环境综合治理成果，感受生态文明建设带来的绿色实惠。

“无论时代如何变迁，仙水溪永远是榜头百姓最深沉的乡愁和最炽热的情怀，在浓浓乡愁中榜头人民正卯足劲绘就乡村振兴新篇章，誓让

仙水溪真正成为造福人民的幸福河。”榜头镇相关负责人告诉笔者，“全镇上下众志成城加快仙水溪幸福河湖建设，提升河岸景观品味，在做深做足山水文章的同时，也充分挖潜承载榜头人民对美好幸福生活的向往和追求，努力将河流打造成沿岸百姓幸福生活的精神文化纽带，增强人民群众的幸福感。”

如今，榜头镇辖区内19.35千米仙水溪河段已全面完成提升改造，治理后的仙水溪，清水款款、碧波荡漾，岸边绿地树木葱郁、草色繁茂。沿河健身休闲游步道平坦整洁，已经成为沿河广大村民休闲的好去处，极大地提升了该镇人民群众的生活品质，并推动乡村振兴由典型示范向整体推进、全域拓展提升，走出一条独具榜头特色的乡村振兴发展之路。

洋洋仙水

张金湘

洋洋仙水，幽雅圣洁。不曾许诺，却给了我们许多。

那是一条发源于仙游县西苑乡凤山村，流经社硎，在榜头溪东汇入木兰溪的支流。仙水是这条溪流经榜头镇后坑村至溪东社区的河段，全长约 16 千米。从天空俯瞰，榜头镇这一带的小平川是沿着仙水溪延伸的狭窄“走廊”。这“走廊”里肥沃的土地，是沧海桑田的缘故还是她冲积的功劳，尚无从考证。

仙水养眼入画。河水清澈透明，可见河中的卵石和小鱼。岸上礁石兀立，星罗棋布。河周边长满茂盛的野树杂草，草丛中稀稀落落地冒出一些或明或暗的各色花朵。虽然叫不出它们的名字，丝毫不影响我喜欢它们的样子。

峰峦嵯峨，山色青黛。山不高，却把这小平川拢得紧凑。河面因而显得宽阔，流水显得散淡从容。有月的夜晚，山的轮廓十分清晰。月亮通常从这边的山后背冒出，又很快从那边的山背后落下，似乎在完成一次无声的横渡。几只夜鸟在渡口间滑过，悄无声息地消失在山的阴影里。河水四季重复着月亮的丰盈和消瘦，夜鸟飞来飞去，仙水溪小平川的前世今生都写在这千百年永恒不变的轮回里。

行人没有翅膀，实现过河的办法只有靠搭石、渡口、渡船。

掌船人撑着竹篙，动作洒脱、娴熟，一撑一收间，小船儿破浪前行，如同头顶上空那只飞翔的白鹭一样悠然……仙水渡早已消失。宋绍兴年间（1131—1162 年），仙水水面上多了一座桥，如今已不见影踪。

中华人民共和国成立后，庄仙线公路在此处架设了仙水大桥。前不久，新开通的仙榜路延伸至何岭下的路段，又架设了一条四车道的大桥。天堑变通途。一晃千百年，一晃间，不知觉，仙水溪面上，有路就有桥，有桥就有路。流水逶迤，人来人往，车来车往。子在川上曰：逝者如斯夫，不舍昼夜！

船是移动的桥，桥是固定的船。它们交通着仙水溪的东西，承受着河流的阻隔。久而久之，河也好，河岸也好，阻隔变得模糊，隔河不再千里远。但是它们不能改变仙水溪直抵那容纳百川的兴化湾的方向和信心。

仙水清楚自己的来去，很会走路。哪里直走，哪里转弯，哪里急行，哪里迂回，哪里挂一道宽瀑，哪里漾一个深潭。乍看潦草随意，细察都有章法。它也明白自己的使命，走它该走的路，做它该做的功德。它“兵”分多路，毅然走进南溪渠、后堡渠、尾斜渠、东象渠……官杜陂。

官杜陂截住 180 平方千米流域面积的水。1.2 立方米每秒流量的引水，源源不断地通过官陂和杜陂两座进水闸、总长 17 千米的 3 条干渠、35 条支渠，穿行榜头镇 15 个村，灌溉 700 公顷的“望天田”。土地有了水，一天一天地变丰饶。稻秧长，甘蔗长，庄稼是一天一天地高起来。水无缝不入，充盈着所有农作物的血管。农作物长高，丰满，果实硕硕。

丰收啦……

炊烟是乡村最动人的风景，食物的香气在炊烟中散发——可口的饭食，丰盛的菜肴，还有自酿的美酒。人们是吸足了仙水的植物——毛、发、眉、睫如水草；身躯里充满了水性：汗腺是泉眼；体形像波浪；体内有股仙水在有力地博动。人们感受到了自己所能拥有的富有：信心，勇气，活力，灿烂文明。

《团圆之后》诞生，开演，晋京，走向全国。

“联挂仙水大厅”的故事家喻户晓，代代相传。

九仙来临。喝水，洗睛，见到了光明……河岸上立起洗睛亭。

给我一点仙水吧。冲开我旧日的烦忧，浙出我肉体中的杂念，带着干净的灵魂，与溪水一起，品味光阴拐弯的味道。

仙水养养，亿万斯年。

绥溪斑斓

醉美圳湖

陈志勇

秋意渐浓，树叶开始变黄，果实慢慢丰硕，最美的季节就在秋天。莆田醉美的景观挺多，比如圳湖。

圳湖，给我的第一印象是博大、壮美、深邃、翠绿。虽然眼下是金秋，映入眼帘的却依然是一片绿色，难怪圳湖被人称作绿色仙境。

圳湖之奇，就在于湖中有岛。浩如烟海的湖面上，千百座岛屿如珍珠玛瑙一般，散落在万顷碧波之中，摇曳着如诗如画的倒影，分不清楚是湖水染绿了小岛，还是小岛染绿了湖水，宛如一幅山水画卷，美到极致。成群鸟儿在湖面上飞翔，看着这些大自然的精灵，人的心情就会愉悦。每逢雨后，圳湖经常会呈现别样的景观。湖面、小岛被浓浓的水雾覆盖，雾气缭绕升腾，仿佛置身蓬莱仙境一般，轻盈飘逸，温婉柔美。

在湖畔，你还会看到，素净的白蒿、柔韧的马鞭草等各种水草，密密匝匝，软软绵绵，生命萌动的气息四处弥漫，与青翠的草坡连在一起，乡村野趣浓郁。

天下有大美，大美在圳湖。

圳湖，如一位胸怀坦荡的巨人，将四方溪流收纳，滋养着岸边的万物，更如一面巨大的镜子，映射着湛蓝的天空，见证着四季的更迭。

梭罗曾写道："一个湖是风景中最美、最有表情的姿容。它是大地的眼睛，望着它的人可以测出他自己的天性的深浅。"他对瓦尔登湖的溢美之词，用在圳湖也是适宜的。

沿环库公路绕湖而行，饱览湖光山色，没有一点点杂念，让心灵释放，尽情感受上苍赐予的美。圳湖虽没有西湖的妩媚、东湖的清丽，少有玄武湖的桨声、昆明湖的灯影，但圳湖的美是原始的、自然的美。

登高远眺，烟波浩渺，群山环绕，苍翠欲滴。

圳湖是博大的，面积达 10 平方千米，库容量达 4.35 亿立方米，面积相当于 3 个杭州西湖，容量相当于 30 个杭州西湖。

圳湖是多彩的，四季秀美，色彩斑斓。

圳湖是澄澈的，水质清冽，透明度达到十几米。

朝看水东流，暮看日西沉。圳湖离市区很近，无需收拾行装，即刻可达，远离城市喧嚣，去那里感受诗和远方。

说到圳湖，不能不提到圳湖日落美景。它有着“落霞与孤鹜齐飞，秋水共长天一色”的意境，吸引了无数摄影爱好者和游人。站在天色线上，当落日映红晚霞，浩渺的圳湖镀上了一层金辉，水面灿灿，波光粼粼。在晚霞映照下，圳湖显得更加恢宏壮阔，凝成一幅赏心悦目的画。一抹夕阳，惹了秋梦；一道晚霞，美了秋韵。

凝视唯美壮观的晚霞，如被深情拥抱，感受浮云变幻，感受幸福时光。美的东西无论时长，一刻便是永恒。

一湖空灵澄静，串成一路万种风情。环库区而行，一步一景，总能遇见圳湖不一样的美。

醉美圳湖的背后，承载着永不磨灭、代代相传的东圳精神。一座水库，凝结着无数人的血汗。

20 世纪 50 年代末，被百姓称为“治水县长”“水利功臣”的原莆田县县长原鲁山，带领 10 万军民肩挑土石，斗志昂扬，日夜奋战，仅用 22 个月，建成了东圳水库，在兴化大地上，谱写了一曲曲感人的生命赞歌。1.3 万多库区移民，舍小家为大家，创造了罕见的和谐移民范例。60 多年前，我祖母还年轻，也曾参加东圳水库建设。那时候从白沙去常太，要翻山越岭，走的是羊肠小道，每天来回走 5 个多小时的路程，辛苦可想而知。有时途中还遇到猛兽袭击，非常危险。正是千千万万像祖母一样参加建设东圳水库的百姓，用他们的汗水和艰辛构筑了今天这牢固安全的大美工程。

绿水青山就是金山银山。一泓碧波润民心，集防洪、灌溉、供水、发电、生态等为一体的圳湖，如一颗耀眼的明珠镶嵌在莆阳大地。滋养莆田人民的生命之源，流淌团结协作、艰苦奋斗、无私奉献的东圳品格，绘就了“人水和谐”的生态新图景。

如今，圳湖是一个新兴打卡地，打开方式绝不止一种。不论是深秋的悠然闲趣，还是天龟线上的天光云影，抑或半浮生文创园的恬淡慢生活……

淡淡的秋阳温暖地照耀着，微风吹拂，圳湖之行，我没有喝酒，但却醉了。

莒溪春晓

陈志楠

沿着县道X203龙游线前行，途经石门古寨便是莒溪片地界，眼前一片小平原映入眼帘，视野逐渐开阔起来。公路右边溪水淙淙，风光旖旎。

这条溪名叫莒溪。

莒溪位于城厢区常太镇，离市区约三十公里。由于溪流三弯四回，穿行于溪南、溪北、埔头、下莒、过溪等五个行政村落间，恰似一个“吕”字，加上四周山峦树木葱郁，故名曰“莒”溪。

通常讲到的莒溪是延寿溪常太镇下莒段和支流溪北溪，为我市“大水缸”——东圳水库的主要入库溪流，是一条流淌着诗意的河。

从古到今，不少文人墨客慕名而来，用名篇佳作为莒溪增色添彩。旅圣徐霞客在《游九鲤湖日记》五处提到莒溪：“西北行五里，登岭。四十里，至莒溪”，“莒溪即九漈下流。过莒溪公馆……”等，这说明莒溪地域历史悠久。有关诗录显示：元代莆人、名医、诗人方炯，明代闽县诗人郑善夫，礼部尚书林尧俞，里人、功臣馆总纂、浙江厘金总办涂庆澜，等等，曾为莒溪赋诗点赞。

据有关史料记载，莒溪境内溪北村长头埔有商周时期的古遗址、明代万历年间的涂氏祠堂，过溪有九座寺遗址、元代的迎祭桥，下莒有明代万历年间的莒溪公馆，以及清康熙四十六年（1707年）所立的莒溪铺附湖免差碑。这些文化遗迹，给秀丽的莒溪增添了浓厚的历史文化品位。

邂逅莒溪，是那年初春。穿过清晨的薄雾，驻足过溪桥头北眺，清风轻拂，送来一阵阵清凉，无比惬意。但见溪水泱泱，碧峰叠嶂，水波浩渺，水汽氤氲。村民在田野劳作、在山坡采摘枇杷，呈现出一幅人与自然和谐共处的美丽场景。

不一会儿，阳光破云而出，如梦似幻的晨雾渐渐散去。晨辉下的莒溪清新、静谧，水光山色，相映成趣。在一浅水处，一群白鹭或梳洗羽毛，或嬉戏觅食，或低空飞翔，悠然自得。白鹭蹁跹入画来，为莒溪增添了生机。

莒溪段巡河员老吴坦言，白鹭对水生态环境的要求特别高，这几年河道综合整治后，水清岸绿美如画，迎来了“别样春天”。因为水环境日益优化，成了白鹭的栖息地。

老吴所说的河道综合整治，是城厢区实施的延寿溪上游及支流（常太段莒溪）安全生态水系建设项目，涉及莒溪、溪北溪，长约7.3千米，旨在保护流域生态环境和东圳水库水源。

近几年，城厢区按照习近平总书记“节水优先、空间均衡、系统治理、两手发力”治水思路，创建幸福河湖，让水清、流畅、岸绿、景美的“幸福河湖”流淌在乡村每个角落，让群众望得见水，记得住乡愁。

这个项目主要通过实施河床清理、埋石混凝土固脚、生态挡墙护坡、绿植防护和休闲步道等，综合整治堤岸、滩地，恢复莒溪水系，使水量更充足、水流更自然、水质更良好，沿河动植物更加丰富多样，防洪安全体系更加完善。如今，实施后代生态护岸、清淤后的溪床让莒溪溪面更宽，河流断面水质、水生态、水环境面貌得到明显改善。区河长办的工作人员高兴地说，莒溪的地表水从过去的Ⅳ类提升到现在的Ⅱ类或Ⅲ类，河岸整治后达到十年一遇的防洪标准，可同时发挥灌溉、行洪、供水等水利功能。

“1999年10月的一天，‘9914’台风正面袭击莆田，暴雨冲毁莒溪上的桥梁、河床，使田野、河道‘面目全非’，人们至今无法忘记。”老吴每天信步溪畔，巡河、护河，感受颇深。莒溪经一番精心整修，“打扮梳妆”，以新的容颜展现在世人面前。“河道变宽，水也更加干净了，而且有了漫道，让来这里休闲散步群众忍不住拿出手机拍照留念。”一

位年轻的村民笑着说。老吴也表示，“以前垃圾乱丢，河水脏臭。治理后，两岸景观怡人，溪水清澈透亮，变化真大。”

徐行整治后的莒溪河岸，感受河流静静流淌之美。春天里的溪流，飘移着夏、秋、冬的韵味，环绕在两抹青峰之间，流入了我的岁月，保持着那份原有的自然之美——你也会感到花在开、草在笑，无数的生命在蓬勃。

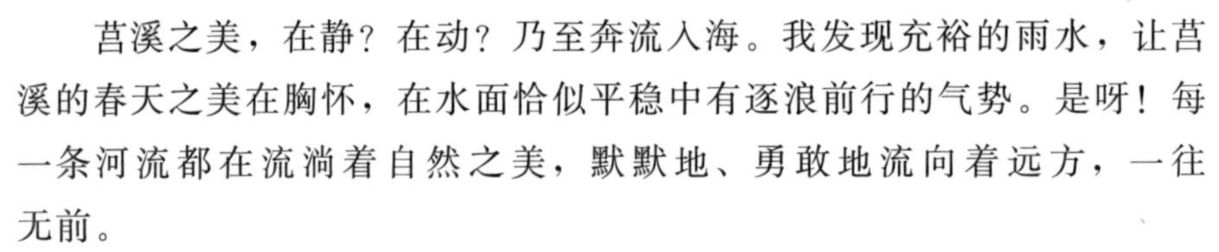

莒溪之美，在静？在动？乃至奔流入海。我发现充裕的雨水，让莒溪的春天之美在胸怀，在水面恰似平稳中有逐浪前行的气势。是呀！每一条河流都在流淌着自然之美，默默地、勇敢地流向着远方，一往无前。

这几年，莒溪片受九龙谷风景区的带动，结合文旅产业发展，溪南、下莒等村采取土地流转等方式，在保护水环境的同时发展乡村旅游，实施乡村振兴，打造城市“后花园”旅游生态景观水系，不仅提升了水质，更增强了村民的幸福感。

青山如黛，枇杷飘香，溪水潺潺，笑语盈盈，这是一幅幸福河流的画卷，亦是莒溪的春晓。

上善若水话莒溪

许培元

1970年的冬天，我从福州《福建日报》社下放到常太莒溪。那天，我从老家挑着棉被和换洗衣服，从老家经过西天尾溪白、洋西、下郑，登上岑头尾，乘坐汽船到常太公社，然后肩挑行李步行前往莒溪。

当年，常太全境没有公路，只能步行。记得当时南充进入莒溪处，两山间有座寨门，用大石头筑成，据说是用来抵御土匪强盗的。进入寨门后，眼前豁然开朗，在群山环抱中，出现了一大片平野。当时正值小麦成熟季节，眼前金灿灿的，正是金覆平畴碧覆堤的美丽景色。平野中有一条溪——莒溪，从西向东蜿蜒，溪水叮当，一路高歌奔向东圳水库。

当时，莒溪片有六个大队，即下莒、埔头、溪南、溪北、过溪和山坑，我分配在过溪大队。村支部书记是地下党一位老同志，他热情地带我到大队部（两层土木结构）楼上一个小房间内，说："你以后就住在这里，有需要什么跟我说。"

房间里有一张木板床，一张桌子，一张凳子，我把棉被放在床上，挂上蚊帐，感觉还不错。老支书不吭声。过了不久，他叫来村里一位大妈和一位姑娘，抱来一大捆干净的稻草。就在大队部二楼大厅，两位素不相识的过溪妇女，为我这个他乡的不速之客编织起草芯。当晚，新编的草芯铺在床上，温暖了我的身心。

简陋的大队部楼上还住着另一位驻村老干部和几名小学教师，大队部后面就是过溪小学。我们几个人合请了个阿姨，专门为我们蒸饭，不用煮菜，因为大家都从家里自带菜肴。楼下有间医务室，有赤脚医生坐班，可为村民医治小伤小病。教师很敬业，每天住在大队部，周末回家，周日下午准时回校。驻村干部则一个月放假一次，平时不能离开。农忙时，驻村干部要按上级指示，号召村民高度集中劳力，备耕备种。平时则下村入户，与村民拉家常，了解民情。

莒溪的老百姓整年累月辛苦耕耘，仍很贫困。当时全片六个村，只有下莒有个小卖部，卖盐、酱油、火柴、蜡烛、香烟等日常用品。每个星期下莒会宰一只猪销售，但常常猪肉卖不完。每斤猪肉七角八分钱，可是村民买不起。我发现大部分家庭一年四季一日三餐都是吃腌制的萝卜和蔬菜。白天，男人上山砍柴，女青壮年也上山割茅草，除家用，有的则肩挑经南充坐汽船到岑头尾交易，挣些零花钱维持生计。

那时的莒溪山高林密，森林郁郁葱葱，后山常有野猪、山鹿出没。过溪有个村民，是业余猎人，时常会打到一些野味，如雉鸡、鹧鸪、野兔等。群山环抱，中间像块盆地，人们把这里称为常太的“乌克兰”。

山好水好人勤劳，莒溪除了公家大田种粮食外，各家各户还分有一小块自留地。自留地上种了许多老少皆宜的瓜菜豆。每户养了少量的鸡、鸭，有条件的还养牛、羊、猪。平常一日三餐就能吃自留地上种的菜、腌制的萝卜。逢年过节，各户才能吃到猪羊肉和海鲜。对此，他们毫无怨言，日复一日，年复一年，自力更生，奋发图强。

一方水土养一方人。莒溪的黑猪，线面闻名遐迩，还有冬天的瓜菜特别香脆可口。实话实说，我和家人吃过莒溪优质的黑猪肉，线面和鲜嫩的蔬菜、瓜果。当年，我年轻力壮，跟村民们一起挑过人粪尿下田，还卷起裤子下田插秧。村民们投来真诚赞许的眼光，这一缕缕温馨的眼光，比我后来获得的任何奖都高兴，永远铭记在心！

驻村一年后，我被调到公社办公室从事文字工作。于是，我踏遍了常太每个村，登上境内每一座山头。当然，也多次下乡莒溪片，有时还站在溪中石磴上流连忘返。在溪滩上捡河卵石，面对清澈见底的溪水，聆听潺潺的溪声，浮想联翩。我悄悄问溪水：问渠那得清如许？

1978 年春天，我奉调到莆田县委办公室，后在多个岗位上历练，但我始终牢记常太，难忘莒溪的山山水水。退休后，因种种原因，我谢

绝了很多社会活动，但愉快地参加了城厢区委宣传部、区文联组织的常太采风，并应邀多次回莒溪过春节。如今，环东圳水库公路可以直达莒溪，公交车还有停靠站。

原来的莒溪大变样，可以说“天翻地覆慨而慷”。只见莒溪两岸用石块砌成了坚固的防洪堤，岸边植树造林，种了五颜六色的花草。村里建了环卫工人队伍，还有人专门管理花草树木。莒溪有的地段建了农业产业园。更令人震撼的是，原来一座座破旧的老民房，变成了一排排美轮美奂的新居，很像城里的连排别墅。村民介绍，村里青壮年大都走南闯北，在外打拼，各行各业都有。在城里，也有莒溪人开理发店等店铺。有的在城里买了套房，有的甚至买了别墅。莒溪的朋友近几年都邀请我去莒溪欢度春节。站在莒溪岸边，面对连排漂亮的新居，聆听小车进出农村的滴滴声，以及男女老少的欢声笑语，令人心潮澎湃，感慨万千。忽然想起杜甫的诗句：“安得广厦千万间，大庇天下寒士俱欢颜?”杜老夫子的千年美梦成真，不亦乐乎?

老子《道德经》曰：“上善若水，水善利万物而不争，处众人之所恶，故几于道。”1620年农历六月初七日，徐霞客抵兴化府，初八日，从西门兜往西北行五里，登岑四十里，至莒溪，过莒溪公馆，后上九鲤湖，“是夜祈梦祠中”，初九日，“辞九仙，下穷九漈”。接着，徐霞客用很多笔墨描绘九漈之奇险，“若水之或悬或渟，或翼飞叠注，即匡庐三叠，雁宕龙湫，各以一长擅胜，未若此山微体皆具也”。这是地理学家兼散文家徐霞客《游九鲤湖日记》中描述的。而九漈下游，即莒溪也。九鲤飞瀑，飞向九漈，流经莒溪，汇入莆田人民的大水缸——东圳水库，供兴化百万老百姓饮水、发电，灌溉之用。

如今，莒溪上游，五漈以下，属溪南地界罢，已建造了九龙谷旅游景区。为此，莒溪南岸村民在公路边开了好多有莒溪特色的风味小吃，生意兴隆，既方便了旅客，又增加了当地村民的收入。

莒溪，山美水美人更美，一个宜居宜业宜游的风水宝地，幸福家园！然否?

（作者系莆田市委宣传部原副部长，《湄洲日报》原总编辑）

美丽莒溪护“水缸”

雷春英

盛夏时节，夕阳辉映下的莒溪焕然一新，溪流清澈，波光粼粼，水光山色，生态景观，相映成趣。

莒溪位于城厢区常太镇，溪流三弯四回，穿行于溪南、溪北、埔头、下莒、过溪等村落之间，恰似一个“吕”字，加上四周山上树木葱郁，因而名曰“莒”溪。

延寿溪常太镇下莒段有莒溪和支流溪北溪，为东圳水库主要的入库溪流。

“西北行五里，登岭。四十里，至莒溪”，“莒溪即九漈下流。过莒溪公馆……”旅圣徐霞客在《游九鲤湖日记》五处提到莒溪，有其涉水过莒溪的记录。这成为莒溪地区的历史文化上证物和文化遗迹，也给这片秀丽的山川，增添了浓厚的历史文化韵味。

静静的莒溪，怎么也“想”不到遭遇“9914”台风。

1999年，这场台风正面袭击莆田，暴雨冲毁莒溪上的桥梁、河床，使其“面目全非”。其中，解放初期修建的石拱桥——五星桥荡然无存。

整治河道，保护“水缸”，“河长”在行动。城厢区启动延寿溪上游及支流（常太段莒溪）安全生态水系建设项目，涉及莒溪（长4.93千米），溪北溪（长2.458千米）。

据介绍，该项目工程主要进行河床清理、埋石砼固脚、生态挡墙护坡、绿植防护和休闲步道等，综合整治堤岸、滩地，让莒溪水系系统得到恢复，使水量更充足、水流更自然、水质更良好，沿河动植物尤其是水生生物更加丰富多样，水系结构更加完整，防洪安全体系更加完善。

经过近几年的综合治理，一溜溪岸全部砌石护坡，莒溪溪面更宽，河流断面水质、水生态、水环境面貌得到持续改善，地表水从过去的Ⅳ类提升到现在的Ⅱ类或Ⅲ类；河岸整治后达到十年一遇的防洪标准，可同时发挥灌溉、行洪、供水等水利功能。

如今，这里已是附近居民休闲漫步的好去处。“以前杂草丛生，垃圾乱丢，河水脏臭。治理后，河水一天比一天清澈，变化人人看得见。”莒溪村不少村民表示，信步溪畔，看到干净的河水和周边优美的景色，心情十分舒畅。

站在高处看，莒溪像一条漂亮的绸带飘在山间。溪流恬美，四季如此。春天，站在莒溪河岸，两岸落英缤纷，还笼着一层薄薄的雾。河岸的绿化树吐绿，垂柳依依，河水微涨，一派生机盎然。春季的时光，缓缓流淌，却在不知不觉间步入初夏。枇杷飘香，稻花挂穗，河面宽畅。河谷清风徐来，掬一捧溪水，晶莹剔透，湿润炎夏的乡愁记忆。金秋时分，鱼儿翔底，水鸟戏逐，景色宜人，犹如一幅天水图。冬日，莒溪温柔潺潺，闪动着明亮的眼眸，像害羞的小姑娘沉默无语，默默流向远方。溪岸两侧山坡上“金光闪烁”，倒映水面，仿佛给宁静的山村增添了勃勃生机。那风，轻轻掠过河岸，摇曳芦苇，吹动河面粼粼波光，拨动浅浅的时光，阐释一份守护“水缸”的情怀。

一溪碧水绕村庄。美丽乡村建设如火如荼，莒溪变靓变美了，良好水环境与田园风光融为一体。下莒村接受九龙谷景区的辐射，正打造城市郊外的旅游生态景观水系。逐梦清清莒溪，阔步迈向“生态美、百姓富”。

在那枇杷花盛开的地方

周金琰

初冬，莒溪两岸，晨岚弥漫，阳光辉耀。千红万绿中，满山遍野的枇杷树，繁花盛开。

我们一行，正是在枇杷花盛开季节踏入常太镇溪南村，踏入如同绿色海洋般无边无际的枇杷林。看到片片正在吐蕊的枇杷花，我们才了解到，原来，要经过含苞、绽放、孕果等漫长时光的酝酿，才能缔造出这枚香甜诱人、名闻遐迩的南国佳果。

溪南村位于莒溪南岸、风景名胜区九鲤湖下游。独特的地理位置，滋润了千百年听惯流水欢歌的莒溪两岸人。这个美丽的村庄虽然人口才2000多人，但有7.2平方千米的腹地，森林覆盖率90%，境内有国家AAAA级旅游景区九龙谷公园。在村部座谈交流的空暇，无意中看见会议室后满山遍野的枇杷树，那么茁壮，惹人喜欢。那枝繁叶茂，或绿或呈黛色的树枝，紧贴玻璃窗，承托着一簇难以细数花瓣的枇杷花团，映入眼中，白的朴实，黄的妩媚，橙的妖娆……虽不算艳丽，但淳朴、纯洁，形成一片片此起彼伏、交相辉映的美丽图景。当然，我们还知道，这枇杷花，包括整棵树，浑身都是宝，不仅为世界带来美丽与芬芳，更为世人带来沁人心脾的香甜美味。

我们顺着村中大道，走过正在建设中的民俗街，颇有个性的街楼，特别显眼。莒溪畔有66700平方米的荷花田，可以想象，夏天荷花盛开的美景。村路两旁，皆是长势良好正在开花、引无数蜜蜂采蜜的枇杷树，真不负“枇杷之乡”盛名。村干部介绍，村里有560公顷枇杷，年产枇杷75万公斤。枇杷是村中经济发展的重要支柱之一，惠及千家万户。

在村中的屋埕上，基本上晾晒着枇杷叶，还有枇杷花等。据说除了枇杷果外，有人专门收购枇杷树的相关材料，进行各种加工，用途无限。的确，这让我想起数年前在日本考察时，当时就有相关人士提到，想找机会到莆田常太收购枇杷树的相关材料，制造药品。如果枇杷果树与制药业建立联系，那发展前景十分美好。

我们一行穿过村中心，走到莒溪畔，看到了正在溪中施工的工程队。他们在为生态环境保护、治理莒溪的工程施工。这项工程完成后，将完善基础设施，改变村中用水历史，为乡村振兴提速。

溪水潺潺，露出水面的石墩，有规则地排列在一起，接成一条每个石墩之间溪水流动的通道，把溪南和溪北联系起来。

村中一排排整齐的现代样式小楼，体现了当下村民居住环境和条件水平。从一些保留下来的老屋的建筑风格和规模，可以想象到当地居民的历史风貌。有一房屋的外墙，还保留着用溪间卵石砌成的墙壁，工整有序，美观大方，可谓不可多得的文化墙。在一座“七间厢”的前面，还竖立着一块刻有“八卦图”的方石。从风化程度可以估测出其是久远年代的产物，图像纹理清晰可辨，从中可以窥见当地人的生活智慧以及习俗迹象。

不远处，在成片枇杷树的包围中，一座传统建筑风格的建筑物格外引人注目。其门庭上挂着的“进贤宫”匾，十分耀眼，为著名涂氏先贤涂庆澜所书。涂庆澜（1839—1912），字海屏，号耐庵，莆田县常太里人。清同治十三年（1874 年）登进士第，授翰林编修，充国史馆协修。光绪五年（1879 年），御赐使黔（贵州）开科取士，任主考员，所得皆知名之士。光绪八年（1882 年），任国史馆纂修，功臣馆总纂，叙劳加侍讲衔。光绪十一年（1885 年），分校顺天府乡试，简拔人才，状元赵以炯、榜眼崔培擢、探花刘培皆出其门下……真是名师出高徒啊，参观进贤宫，从中也可以读到当地居民尊崇先贤的文化传统。

在进贤宫门前小埕上，微风吹拂飘来的阵阵花香，清新舒畅，沁人心脾。

流淌千万年的莒溪，带着欢笑的浪花，记录着溪南人勤劳奋斗的人生、繁衍生息的历史，记录着溪南人美好的生活。

天然飘逸的延寿溪

陈秋钦

延寿溪——母亲河木兰溪的最大支流。东圳水库位于它的上游，是莆田市的“大水缸”和生命线工程。一条长 360 米，高 58 米，顶宽 8 米的大坝将延寿溪拦腰截断，汛期开闸放水，有一种“飞流直下三千尺，疑是银河落九天”的壮观，这场面美不胜收，令人流连忘返！

溪水浩渺，奔腾激越，你若想感受水受人之宠的缘由，可以登上与溪水相依的天马山。站在高峰上举目鸟瞰，延寿溪就像一条漂亮的带子飘绕在平川上。

延寿溪沿岸两旁种满了荔枝树。每年七月，那一簇簇、一串串暗红的荔枝就像一盏盏小灯笼、悬挂在树枝上，小巧玲珑，红光闪闪。绿叶下你拥我挤，仿佛窃窃私语诉说着：延寿溪是如何由自然山水演变成超脱万世的人文偶像。

如果还不满足“青青陵上坡，磊磊涧中石”的心醉，可以漫步在溪畔。清澈见底的溪水，静静地流淌，阳光照耀下闪着点点星光，蜿蜒地流向远方。建于南宋高宗建炎元年（1127 年）的延寿桥横跨在小溪两岸，氤氲萦绕，置身其间，仿佛幕天席地，做了自然的赤子。无论岁月如何变迁，依然用身躯拥抱这神交心醉的地方！

“山路元无雨，空翠湿人衣。”千载以下，大诗人王维这两句词依旧能找到他的“模特儿”。“山光物态弄春晖，莫为轻阴便似归。”尽管他从未来过延寿溪，但是山不遇人，水不留人，这都是情非得已的遗憾。

时过境迁，莆田以“清溪、绿岛、古桥、丹荔、田园、乡村”为规划

主题，在延寿古桥两侧修建了生态和休闲、人与水和谐的绥溪公园。形成了前有东海可供临水一照，后有东圳水库堪为稳背一靠，真所谓前有照、后有靠。人言之堪舆，天然合一的飘逸，实在是三百多万人民的福分。

因此，延寿溪是一条富有诗意的小溪，是天地间的一段人间，仙境间的一种民俗，文化走廊的一节序曲。

一条有韵味的溪流

韩　雪

对于溪流，天生有一种亲近感，许是年少时老家有一湾清溪（木兰溪的支流），所留下的记忆吧，每每和溪流相遇，心生欢喜。

延寿溪有太多美丽的传说。夏日里，我们来到溪边的茶室——“在水一方”，众人皆惊叹不已。临溪的木露台上，木桌木椅，古旧质朴；围栏上随意养着地瓜苗，南瓜自在横卧，溪里游鱼戏虾，水面鸥鸟低飞，夕阳西下，溪面半溪瑟瑟半溪红。

我们坐在溪边，看对面的高楼，一座一座，拔地而起；看远处山顶上，星星点点的灯火，猜想这是哪座山，离天空那么近。有人说是九华山上的明灯。

有人在溪里游泳，也有人划着小舟，隔壁有家“青萍之末”，据说因胭脂姑娘常来小坐，更因其美文，而小有名气。“在水一方”与众不同之处，在于女主人，年纪轻轻，颇有格局。弄了地瓜娱乐、小电影、书室、画廊，并有杂志社进驻，等等。而其中最让人难以忘怀的是，她和她手下的一批年轻人，怀着梦想，又常参加慈善爱心活动，在一些吉祥日子里和一群有信仰的民众，一起参与仁爱慈善的一些奉粥、捐赠等活动。

延寿溪日夜流淌不息，沿溪建成的步行道，方便了周边的群众。彩虹桥的灯光秀，春节期间，游人如织，为市民献上视觉盛宴。春天的格桑花，夏日的荷花，秋天的菊花，冬季的腊梅，延寿溪不但以溪流的润泽滋养莆阳大地，以自然景观吸引人们。更以博物馆等人文建设打开一扇和古文化对接、和新视野融合的莆阳情怀。

也曾在春日里，参加城厢区相关单位举办的爱鸟周活动。树上挂了鸟巢，一时给小鸟送上安宁的家。站在桥上看延寿溪，水清鱼游，很多很多的鱼儿，成群结队游过来，却也并不稀罕饼干屑。这些听过梵音的面食，想必会和某些有缘的众生相遇。

夜晚时分，延寿溪岸边的灯光次第明亮，和星星交相辉映，在摄影家镜头下，几乎以为是丽江等一些知名景点，每每为之心生自豪。

延寿溪的古桥，老樟，新楼，溪上的游船，两岸的荔林，一切一切，古老而新意盎然，静默而生机勃勃。一条舒展而有韵味的溪流，足以成为一个城市的标志，足以成为市民心灵的休憩地。

泗华溪畔万物生

黄丽珠

点破溪面平静的，是一只轻轻掠过的白鹭。羽翅扑扇起伏，波光潋滟了驻足凝神的晨起人。鸟雀叽喳，想必是攒了一宿言语急需分享，说累了，又单飞，落在电线上东张西望。

鸟儿是小城永远的主人，但不代表春天，因为小城四季不很分明。不过，时光可以是鸟，一惊觉，泗华溪畔，春已深，夏将至。

半壕春水一城花。溪南路两排羊蹄甲树，每到四月，浪漫无比。花开了，一树一树的白，浮着淡淡的紫，于是分不清是白云还是紫云停息树梢。只知道仰头望树，时有花瓣飘落，或许就在肩上、发上，顿时心柔。雨后树下，清亮亮的路面上，五花八门的车身上，除了花瓣，还能见到掉落的完整花朵，向你诠释着植物世界里端庄典雅的对称美：六蕊，五瓣，中间一瓣像是蘸紫黄颜料顺着花的纹理精心晕染似的。微风吹过，淡淡花香，若有若无地经过你的呼吸。溪南路，若非车来人往，实在是拍摄婚纱的打卡圣地。

会开花的树群中最惊艳的当属垂枝红千层了。是谁命的名呢，将体形与颜色包括了？绿的叶极像相思树叶，红花串串，繁密有序。一到三四月，它们沿溪燃放，噼里啪啦，噼里啪啦，此消彼长。总觉得无意中闯入谁家喜事，十里红妆，队伍之壮观，气氛之喜庆，让你也跟着笑起来，笑起来。那些临水的呢，定是美娇娘了，她们深情凝视自己倒影，庆幸自己嫁给春光中的小城。梨花带雨是一种美，见过雨后的垂枝红千层花吗？一样美艳无比，让你词穷。

植物们勃勃生机，蹲下一解读，它们几乎都是药材。譬如降血压的鬼针草。放眼望去，溪畔边，山坡侧壁边，废弃别墅院子里，满是的。花是白的，有时粉蝶停停嗅嗅，会让人分不清蝶是花，还是花是蝶，两者何其相似。酢浆草也大片大片地凑热闹。它们是喜阳植物，越是阳光热烈，它们迎得越是热情。一根根细长细长的茎上顶着紫色花，泛着光，像孩童无邪般的笑脸。只是一到雨天或者阴天，它们便合拢起花瓣低头沉思，与不分天气、满地满树匍匐缠绕的牵牛花相比，就显得含蓄娇羞。

毕竟不是平野大地呢，在小城寸土寸金里，溪畔土壤有限，植物种类也屈指可数，就像蒲公英、车前草、筋骨草等，零星伫立，偶有猩红的蛇莓点缀草间，带给城里孩子的是欢呼雀跃。褐色小蘑菇不多，适合在雨中如老僧入定，天一晴，踪影难觅。

在万物生长拔节的季节里，水声也格外清越起来。不必追究水从何处发源，只知道溪水虽无文人墨客笔下那些大江大河的激越与磅礴，但款款深情。伫立溪畔，看几丛布袋莲从眼前缓缓漂过，视线随之往延寿溪方向而去，才知溪水是流动的。溪岸边，一两叶小舟默然水上，若能摇起，欸乃一声山水皆绿了呢。

浅水区里，几个游泳爱好者像鱼儿般来回游动。溪岸边钓鱼的人多了起来，一凳一桶一杆，或孤身静等鱼儿上钩，或并排闲聊天南地北。子非鱼，安知鱼何时上钩？亲力而为了，方晓钓鱼之趣。

水至堤坝处，哗哗……哗哗……尽管落差不大，但演奏的交响乐不逊于黄果树瀑布。浣衣大婶边执棒槌敲打衣服，边热切交谈。

“套房水池洗衣憋着哪，还是外面空气好!”

“外面开阔，热闹，景美啊!”

……

入夜，两岸灯火次第亮起。溪水醉意十分，开始即兴作画，姹紫嫣红，帧帧恍若抽象画。春虫唧唧，在唱小城故事多。过不久，那些脱掉尾巴的小蝌蚪们也该开始学唱歌了，呱呱……呱呱……还是唱“小城故事多”。

河 湖 靓 姿

溪陂悠悠

范育斌

在中国五大古陂木兰陂、南安陂、官杜陂、芍陂、信丰陂中，莆田占其三。莆田以妈祖故乡享誉天下，但我却认为，莆田还是中国古陂之乡。

苏轼《上皇帝书》云："万顷之稻，必用千顷之陂。"其中，陂的意思为积蓄水的池塘或湖泊。而溪陂，亦称陂坝，为人工拦溪筑坝而形成的湖泊，具有拦水、蓄水、浇灌及水力等功能。两千多年前我国的先民就已经初步掌握了兴建溪陂的能力，用于灌溉农田。

莆田在古代拦溪筑陂数量之多，质量之高，作用之广，实属罕见。朱维幹教授的《福建史稿》引道光年间的《福建通志》曰："福建有无数陂坝，是宋代人民的成就……凡是陂坝林立的地区，大都是人文荟萃的州县。列简表如下：陂坝座数莆田 886 仙游 651。"当年莆田县兴建陂坝已名列前茅，若莆仙两县合而为一，在八闽所建陂坝所占的数额超过一半。书中还详细记载木兰陂、南安陂、太平陂等莆田兴修陂坝的来龙去脉。

近日，我漫步在老家庄边镇萍湖村的郑雇陂，倾听其灌溉故事，深受感动。老家萩芦溪滥觞于万山深处的涓涓细流，汇泉成涧，涧流成溪，特别是勤劳勇敢聪明睿智的古代家乡人民充分利用这盈盈溪水，层层拦溪筑陂，被誉为家乡人民的"命脉"。

在兴建这些溪陂中，苏洋陂是由文人郑国器捐资修的。北宋末年，兴化广业里溪西（今白沙镇广山村）的郑国器，为郑氏三兄弟入莆倡学之郑庄十一世后裔，作为太学生，尽管怀才不遇，但他仍时刻为民生操劳。当时，下溪西岸水利设施落后，靠天吃饭，粮食歉收，郑国器决心改变这种状况，他毅然卖掉自己的田产，捐资在萩芦溪上游的湘溪码头处叠石建陂筑堰，截溪引水。陂长约40米，宽约4米，陂面上筑有石磴，供行人往来，沿溪岸边修圳渠长约3千米，灌溉农田700多公顷。

广山东麓，洋头厝边，可见石构小颛祠1座。祠中石刻“倡筑苏洋陂苏公神位”，左刻“同筑陂苏大母之神位”，右刻“重修郑国器先生神位”。郑国器慷慨解囊捐资重修建陂的动人事迹，深受当地乡人的敬重。其子郑樵，深受影响，“以绍先志”，颇具父风，有兼济天下之心，在撰写《通志》期间，仍在百忙中抽出时间在广业里瓢湖（今庄边镇前埔村）建“永贵桥”，便民利民。他们父子俩执着于文人修身齐家治国平天下的传统，影响着莆田文人的家国情怀，感动着质朴善良的家乡人民。

萩芦溪上游瓢湖溪段因郑球所建的郑傕陂而闻名。郑球，古兴化县广业里萍湖人，郑庄后裔，明乡荐进士出身，官广东海宁教谕。明代的《游洋志》记载：“明天顺间，乡进士郑球傕工创筑，注水垦田，故名郑傕。”傕通雇。郑球在萩芦溪上游瓢湖溪段发动民众，拦溪筑陂，建有四个陂：曲潭陂、圣钟潭陂、郑雇陂（亦称萍湖陂）与后洋陂。郑雇陂南侧还修建引水渠，长3000多米，绵延至白沙镇宝阳村乌沙，陂渠所到之处旱地得以悉数开垦。自此，瓢溪两岸遂为山川平原，稻花飘香，一年两熟，富庶一方。当时有“田尾不算城里，萍湖不算山里”的俗语来称赞萍湖。

郑球首引水车技术之功不可没。他利用在广东作教谕的机会，学其水车技术，并把水车的图形画回来进行仿制，利用机轴转动水车驾水高处，高处的贫瘠之地因有水垦为良田。故莆田“水车之法制盖始于此”，而他引进仿制的水车提水技术传遍四方，在八闽广泛使用，其功名列“莆阳水利功臣谱”。

庄边镇的西音村为古代军队屯田之地。西音至今流传有“七墩八坝”之说。“墩”形似一个垒起的广场，应是军屯的晒谷场，现仅剩两墩，村民至今还用作晒物之用。“坝”指的是溪陂，古代军队在西音屯垦屯种，围墩筑坝，“筚路蓝缕，以启山林”，获得粮食，作为军需，为军队保家卫国提供了源源不断的粮食。西音的八坝现剩六坝，这些溪坝见证了那一段屯田的沧桑历史。

水因陂而美，城因陂而荣。这些历经岁月的溪陂承载着千百年的文明

与智慧，造福一方，泽被乡里。这些溪陂不仅浇灌出丰收年景，使莆田成为富庶一方的“鱼米之乡”，而且水脉与文脉贯通，稻香与书香相融，还浇灌出灿烂的莆田文化。诚然，置身于这些灌溉工程遗产之中，莆水汤汤溪陂悠悠的水文化也深深融入莆田人的生命。

溪陂岸边是我家。近日回家，我不经意间瞥见那萍湖的溪陂。悠悠溪水，石磴齿齿，乡亲们荷锄而归，那辽阔悠远的湖面，晚霞夕照，白鹭飞翔，波光潋滟，渔舟唱晚，恍如一幅铺开“落霞与孤鹜齐飞，秋水共长天一色”的生动画面。刹那间，我明白，那就是我魂牵梦绕的家乡景象，这景象在我心中永不磨灭……

“乐水”长岭溪

刘爱红

“仁者乐山，知者乐水”出自《论语·雍也》，其意智慧的人喜爱水，仁义的人喜爱山。之后也将“乐水”指代“智者”。我却愿意赋予长岭溪又一层意思：不仅是生命达观的“智”，更是时光悠然的“乐”。

我愿意将“乐水”赋予长岭溪，不仅因她是伴我成长的旅伴，一条几十年后无论人事如何变幻，始终对我不离不弃的溪流；一条流淌在我心里，活泼泼的乡愁有所寄托，我只愿回想起快乐时光的溪流。

我看着她笑，看着她哭。我想忽略她曾经的苦与痛，想记住她曾经的美与乐。我更贪恋她现今的寂静安然与汩汩流淌的美好。我来了，亲爱的长岭溪！我来追寻我的“乐”来了！

溯源长岭溪，起点长岭村，终点西许村，途经郊尾村、郊溪村，河道长度 16 千米，含朝阳水库和西许溪。这就是地理概念上的长岭溪。

呼“后坑里水库”作“朝阳水库”，我的父辈觉得拗口，水库的建设他们付出了无数的艰辛与汗水，用直不起的腰，挥汗如雨的劳作，换得今天清凌凌的漾漾碧波，依着山依着岸，随风起伏无尽风情。他们看着身心俱爽，水库在后坑里，就称“后坑里水库”罢！更何况当年后坑里砍柴、拖松柏、抬杉木、栽枇杷，哪一样劳动没留下他们的印记？哪一样劳动不是先苦后乐，乐享其成？

2017 年 1 月，后坑里开隆禅寺附近，城厢区采风群的伙伴们将阵阵惊叹、欢喜撒在二龙潭瀑布及 6 幅崖刻上。攀爬的惊险意犹未尽，欢乐的笑声持久未散。飞珠溅玉的小瀑流，潺潺流动的小溪，巍峨壮观的巨石，崖刻"一碧""乐此""醒醉石""双溪佳处""嘉靖二年四月四人游此题刻""二龙"，有楷书、隶书、篆书，或雄伟大气，或古朴庄重，或风流隽逸，醉了醉了！秀丽的自然景观，古人亦留恋！崖刻群竟是明代刑部尚书林俊、南京吏部考功郎中林达父子，都察院都事林有恒携友观赏，"乐水"其中留下的墨宝。

沿长岭清代界碑沿西许溪方向寻踪而下，"乌石"的田里，种下了花生，起初有我戽水摔落的汗珠，接着有黄澄澄的花生花，然后有拔出的累累的花生荚。汤亭山上，龙眼树下有我浇下的农家肥，枇杷树下有我浇下的水、树上有我套袋包的枇杷。"洋头溪"的田里，有我牵拉的番薯藤，有我锄出的番薯垄，有我撒下的肥料。当然，这些地儿都少不了长岭溪引进去的水！劳动的快乐随着流水随着年华回味悠长！

难忘的是元宵的游灯！一列列灯龙蜿蜒在乡间猎猎飘扬的闹热中，沿着公路、乡间小路、"八十亩"石碇桥……倒映在长岭溪中，灯火烁烁，流光曳曳，人头攒动，笑声融融。景美，情也美！

长岭溪两岸，葳蕤片片的枇杷树与龙眼树间杂互生。长岭溪的水滋养着它们。龙眼似分币大小时，就要搭起油布，搬上凉凳床，纷纷入林看守。日间小孩伴着蝉、金龟子、屎壳郎、象鼻虫等小东西欢闹，笑声四溢。夜间大人侃大山，伴着夜半虫鸣、晨起鸟叫，太阳升起来了，雾气就散了。

龙眼成熟了，长岭溪畔、公路旁、村部门口，是长长的卖龙眼的队伍。四五月间，枇杷成熟了，同样的售卖场景再现了。年年如是。

在长岭溪中常见的，是人们在溪里摸田螺、捡溪蚬，卷着高高的裤管，手中挎着个篮筐。后来，水源污染，水质浑浊，淤泥堆积，垃圾成堆，水发臭了！人们再也不敢下河又摸又捡的。曾经有人文底蕴，有烟火气息，有市井躁动的长岭溪一度陷入了沉默。

再后来，区政府整治了长岭溪，建设生态水系，整治河道，修建堤坝，长岭溪焕发出勃勃生机：白鹭飞翔，水草丰美，重现了河畅、水清、岸绿、景美的山水田园风光。

长岭溪又"乐"了，我亦乐了！

悠悠长岭溪

雪　泥

山川如昨，风景已殊。

木兰溪流经华亭镇 18 个村（居），区级主要支流有 3 条，分别是长岭溪、西湖溪、沙里溪。长岭溪是其中之一，长 5.9 千米，自长岭至西许段，流经长岭村、郊尾村、郊溪村、西许村。几村属地唐以前不可考，宋时同属永嘉乡新兴里，元袭旧，明时属新兴里六村之四村，清时属新兴里七村之四村，村名俱为南庄、西许、猴溪、长岭。猴溪、长岭古时即有大路经过。民国至今衍变，南庄现在是西许村的一个自然村，猴溪之“猴”与郊尾、郊溪的“郊”在方言里音似，现称“郊溪”“郊尾”。

地名变迁，溪水长流，古时旧地，现时新景。长岭溪流经了岁月，滋润了一代代子民。世代更迭，繁衍生息，在时空悠悠流淌的岁月里播迁着喜怒哀乐。往者已矣！笔者有限的记忆里，是一幕幕世俗现时风景画。

长岭溪两岸，枇杷树与龙眼树间杂互生，葳蕤片片。枇杷和龙眼曾是百姓衣食之源，卖果收入是农民的主要收入。长岭溪分流出的水不仅提供农田灌溉，还提供果树所需。

记得 20 世纪 80 年代末 90 年代初，龙眼极为值钱，当年的月工资只有一两百元，一斤龙眼最高价曾达十二三元，甚至更高。龙眼金贵，长岭溪两岸的龙眼树下，在临近收获季节的前一个月，油布已纷纷搭起，长凉凳床纷纷出村入林，人们日间派小孩看守龙眼，夜间自己值守。于是，长岭溪畔，龙眼树下，夜半的虫鸣、晨起的鸟叫，还有湿重的露水是果农的日常。拂晓，我们这些小孩已纷纷出动，到龙眼树下捡拾掉落在地上的龙眼，或卖或焙干或晒。白天，蚊蚋小小黑黑的，又多，寻机吸附你的血。即使你一巴掌一巴掌打下去，黑的虫，红的血，痒痒的皮肤，直教人受不了，要跳脚。孩子们就纷纷生起烟来，这才清净了起来，可烟雾又呛得人难受。我经常去守的，一处叫“溪仔底”，一处叫“汤亭山”，分别在长岭溪的两岸。我还曾吹着口琴守着龙眼，让乐声对着娘妈宫桥下长岭溪分流出的小瀑布呜呜呀呀地飘。

在长岭溪畔最常见的，是曾经自长岭直到南庄长长的卖枇杷或龙眼的队伍，停车，谈价、还价，购买，甚至妨碍了通行。后来，人们大多搭车去城市里卖。

长岭溪中常见的是人们在溪里摸田螺、捡溪蚬，把裤管卷着高高的，手中挎着个篮筐。也有小孩经常去游泳，当然，也有溺水而逝的，在长岭溪畔则是其家人的哀哀痛哭。

也有异景。有一年，在西许桥下的溪埔边，人们倾巢而动，做了木铲来挖金子，也有人真的挖出了金子，直到挖无可挖，溪埔一片狼藉。

后来，垃圾随处乱扔，长岭溪不再干净，溪中的活动都停止了。

再后来，区政府整治了长岭溪，投入 1368.7 万元建设生态水系项目，整治了河道，旧貌换新颜。远望，长长的堤坝巍然而立，气势壮观。长长的溪水，也渐渐地干净了！长岭溪重新焕发了生机。

长岭溪的梦想

林小溪

我想写这条溪时，又有点提笔忘词。在我记忆中，她没有名字，大家随意根据其流经的地段，称之汤亭溪或者西许溪或者某某溪。

那时，在老家所有的溪流，我从来不知道名字，也没人告诉我，大家都是叫她溪边或溪兜。至多就是在她流经某一个村庄地段，安上那个村庄的名字。

以前我们对溪流，如同旧时对嫁来的女子一样。她们无名字，大家叫她们大张厝、田中央、尾婶、后枫英，等等，一样微小不被重视。

光阴如水，这些默默无闻的溪流和山川从时光里走来。给每一条河、每一座山取一个温暖的名字，是一种梦的追逐。因为名字承载着人们心中美好的向往。

长岭溪，终于有名字了。

小时候，我们村庄的蚕豆特别的有名。每年春天时节，父母总会叫我提着竹篮子，走过村后的山坡，到山顶的土地公庙。这个庙有点像驿站，大家常在此停留休息。然后一直走到汤亭，再从长岭溪走过去。溪流非常清澈，好多女子在溪边洗衣服。她们半开玩笑半认真地对我说，小妹蚕豆提到我家去吧，我煮点心给你吃。然后，有人赶快又说，不敢开玩笑了，不然蚕豆撒出来了。踩着溪水中铺的石头，从这条溪流过去，到万坂村父亲恩师家里。再从这条溪流回来，童年的记忆里，这是一种难忘的幸福。

后来，我师专毕业分配到长岭溪边上的学校教书。那时村口已建好了一座石桥，出入方便多了。在乡村教书的日子，我们也常常提着衣服到溪边去洗，尤其是在长岭溪流经学校门口的一条小支流那边洗衣服。偶尔，我会沿着溪流散步，看星星点点的野花，开在溪水边；夕阳落下万丈光芒，溪水清，野草绿，雏菊黄，晚风吹来，炊烟升起，采菊东篱下，戴月荷锄归。一个劳作而充实的一天，在晚霞中，拉下帷幕。黄牛哞哞，白鸭嘎嘎，和着溪流声，洗去一天的尘劳。

校园里晚读的钟声响起，我们才不舍地往回走。

一年夏天，台风过后，大雨倾盆，山洪暴发，溪流暴涨，溪水漫过了石桥，像一匹脱缰野马，四处奔突。让我们看到这条温和溪流愤怒刚烈的一面。

夏天，附近村民还会到溪里摸田螺，网小鱼，抓螃蟹。溪流默然流过，万物生生与共，以一种无可言说的关系相处相融。

秋天，我们曾带学生到长岭溪源头，那座不知名的山上去野炊。走了长路，爬上小径，到达坪洋山北麓。那边有一个石坎寺，大家去溪边戏水，捡来落叶和枯枝，烤地瓜，煮面条，用笨重的相机拍下原生态的表情。溪水清凉，小鱼游来游去，蝴蝶飞着，松针不时落下来，山上的灌木黄黄绿绿，像穿了花衣衫，也像泼了一盘彩色颜料一般。得优游处且优游，云自高飞水自流，直到太阳落山，才依依不舍离开。

很多年后，偶尔又来山上，溪流清瘦安静的流着，容颜有点尘烟，而又那么淡然。白云来了又走，晚霞来了又走，鱼儿来了又走，小鸟飞过，人来人往，溪流恬静地看着这一切，以那种含容虚空的情怀。

长岭溪位于华亭镇内，是母亲河木兰溪无数支流中的一条。如今，长岭溪边筑了堤坝，果园、庄稼欣然自若。人们在溪边漫步，谈论溪流的变迁，溪流和生命的息息相关。

溪流恒远，带着山川记忆，岁月梦想。

和莆阳大地的其他河流一样，长岭溪有了自己一个温暖的名字。我们更体会到，爱自然爱生活，善待身边的每一座山每一条溪流每一个人，爱出者爱还，福往者福来，万物回馈你美好。

和风轻送，整治后的长岭溪欢快歌唱，仿佛在说着乡亲们或者陌生人，让我为你祝福，愿你有一个灿烂的前程，愿你在尘世获得幸福。

长岭溪，一条溪流的梦想，如此清澈美丽，带给人们无尽的憧憬和喜乐。

治山理水焕新颜

方馨谊

溪水缓缓流淌，护岸蜿蜒平坦。城厢区华亭镇后角村，经综合治理后顺达溪，红色步道、景观台、绿篱等风景如画，让人眼前一亮。溪水清澈、碧绿、恬静，给人一种神往探究的冲动。

顺达溪河道为木兰溪支流，发源于鬼坑里，主要承接上游红旗水库泄洪及区间来水。

红旗水库亦名西冲水库，建于 1972 年，位于快乐农庄西北方向约 4 千米的西冲，由东侧和南侧的两座大坝围成。据说，当时几万民工齐聚紫云山，日夜投工投劳，历时一年竣工。现为水源保护区，近几年，相关部门对水库进行了除险加固。高山出平湖，红旗水库就镶嵌在美丽的紫云山峰峦之间。

红旗水库是一座安静的山湖，清澈碧绿，波光粼粼。周边风光旖旎，有龟洋古刹等丰富的旅游资源。整座水库坐落在葱绿的环山怀抱之中，上游有一条龙潭小溪直通名刹龟山寺，有多处落差十米以上的小瀑布，“飞流直下三千尺”，甚是壮观好看。

顺达溪水土流失综合治理涉及建设安全生态水系，新建生态护岸、人行道和绿篱。项目建成后，改变了两岸沙土不断向溪流流域倾泻的局面。据人们回忆，以前在顺达溪还可以游泳，可灌田，常见鱼虾在小河里嬉戏玩耍。可是，因为人为等原因，溪流受到污染、溪岸出现水土流失，甚至臭味儿特大，人们根本无法靠近溪边。现在，水质已得到明显改善，两岸景观也得到了大幅提升，成了人们休闲憩息的美丽小公园。

绿水青山就是金山银山。这些年来，治理水土流失，莆田全力推进水土保持生态文明建设，成了相关部门的执着“追求”。清除河湖周边那些乱占、乱采、乱堆、乱建等破坏生态环境的现象，铺设污水管网、清淤河道……有针对性地“因地制宜、因河施策”，让不少黑臭水体都明显消失了，河湖的生态环境日渐转好，让生态文明与经济发展协同并进，让家园变得更美好。

青山更秀丽，绿水更多姿。这一切都与生态环境建设紧密相关，因为打造幸福河湖就是我们生态文明建设中的重要一环。绿树成荫、水体清澈、美景如画，这一处处经过治理后展示的人文水景，变成了人们亲水、赏水、戏水的新去处，“人水共融”新图景已悄然而至。

钟潭寻噌响

易振环

钟潭溪源自华亭龟山，流经朱坑、锦亭山西南的沟壑，终汇入城区北渠。

溪床奇石错杂，溪道蜿蜒曲折，夹岸杂树飞花。

溪水流淌1千米多，从一处近30米高的悬崖上飞流直下，倾泻入潭，形成钟潭瀑布，发出洪钟般的巨响，是为“莆田旧二十四景”之一的“钟潭噌响”。

溯源“钟潭噌响”，发现是前人撷取《石钟山记》中“噌吰如钟鼓不绝”一句重组而成。其原因：这里处处皆“钟”。看，从铁索桥俯瞰溪岸的崖壁，你就会发现崖壁上凸下凹像半个钟；溪水迂回而成的潭形也似钟，上游溪水从天而降，撞击深潭，如钟声响彻。另一传说是，公元前110年，汉武帝派会稽太守朱买臣带兵征剿东越王余善，余善兵败时随身携带的金钟飞落于此，故称“钟潭”。

潭满则溢，溪水分支而泻。钟潭上中下三潭，三注三泻，各展奇姿，古人分别命名为：飞瀑、挂练、曳帛。飞瀑激起玉翻珠涌，溅起水花在空中跳跃向四面飘洒，响声升腾至云端。挂练飘拂织绸白丝，似位素衣美人，亭亭玉立，婀娜多姿。曳帛薄如蝉翼，虚无缥缈，调皮地亲吻你的脸颊，让你感受山中爽意。

水力冲击让钟潭的三个潭似三个酒盅。人们称“如盅”“如樽”“如敦”，也称为“三酒盅”。这几个瀑布在山谷间，各呈其妙，最妙的还在音响之美。置身其间，如闻八音齐奏、磬响籁鸣，箜篌悦耳，与吰声相呼应，如钟鸣鼎响，堪称世间“噌响”。

钟潭飞瀑是一个美丽又震撼人心的自然景观，具有人们向往的一种灵性与魅力。潭深水碧，晶莹的水珠，我惊叹瀑布的牺牲，用那种悬崖的无可畏惧，发出震耳欲聋轰鸣声，唱出气势磅礴的生命之歌。

另一处瀑布，则是水声浅吟低唱，絮语绵绵，缠绵悱恻，你中有我，我中有你。

钟潭之水，笃定方向，不屈不挠，不舍昼夜，撞击不止，奔流入海，追逐文明。

钟潭边石上题刻甚多，有“观瀑”“伏虎”“鱼乐”“乐饥”等等。其中，最为引人注目的是：大司马郭应聘，明嘉靖廿九年庚戌进士，官至兵部尚书，致仕，曾隐居于此。先贤郭应聘文武全才，战功赫赫、政绩昭昭，还是个有威望的廉政官员。《明史》载称：“官南京，与海瑞敦俭素，士大夫不敢侈汰。”他晚年在钟潭读书观瀑，过着无忧无虑的隐居生活。钟潭西侧有他构筑的读书亭遗址。

时过境迁，如此清幽绝尘的溪流治理已全面完工。据介绍，地处霞林社区的钟潭溪河道治理工程总投资1.684亿元，实施治河、改路、截污、绿化、阻洪桥改造等五大项目。改造后，昔日下游渠道杂草丛生、沿岸生活和建筑垃圾往河内乱倾倒的现象不见了。其防洪标准由原来的3年一遇提高到30年一遇，大大提高河段排洪排涝能力。河道两侧滨水地带景观带达到了护堤固岸效果，呈现一片水清、岸绿、河畅、景美的新面貌，增添了新的城市景观。

涉水而上，寻觅“钟潭噌响”，是一种溯溪探索的快乐。

水到渠成

林国富

河流的印象，是一种流光幻影般的感觉。

渠桥河位于城区南面、壶公山北麓，即木兰陂南渠，流经新度镇的锦墩、梧塘、溪东、郑坂、横山、沟口、渠桥、圳头等村。

渠桥河让我想到一个成语——水到渠成，尽管不清楚的“渠桥”二字的由来。“水到渠成”一词出自苏轼《答秦太虚书》其四，比喻事情条件完备则自然成功。

俗话说，水有水道。水道可以天然亦可挖掘。渠就是在河湖或水库等周围人工开挖、用来引水排灌的水道。对于壶公山北麓这片平原而言，渠桥河的修建，有效地解决了曾经旱季的生产生活用水，促进了农业发展，给当时农村带来一种难得的温饱和幸福。

先民逐水草而居，城市缘河而兴。渠桥河是木兰溪的一条支流，延续着兴化与水为伴的生活记忆和文化传承，见证这座古城的文明变迁，印证着城市因水至美的事实。

记不清那个年代，河畔孩童“狗爬式”的欢声笑语，淘米捣衣的肆意玩笑……回荡在渠桥河上空。那是特定年代水到渠成的幸福生活，留在 20 世纪 80 年代前出生的人们记忆中。

随着城镇化发展，有一段时间，渠桥河道被生活垃圾和工业污水序排放入河道，河水变得污浊起来，甚至部分河水泛起恶臭。“芳华”不再，让人揪心。可喜的是，前几年，作为全省首批万里安全生态水系建设试点项目之一，渠桥河安全生态水系建设项目启动，经一系列的综合整治，目前其灌溉功能逐渐淡化，生态功能开始发挥作用。

是呀！“老”去的渠桥河又年轻了，浑浊的河水泛起清波。

如今，渠桥河水流潺潺，芦苇萋萋，清澈见底，碧波荡漾。

你是那么执着，承载着无数的梦想，日夜兼程，一路奔波。

你是那么热心，打平原经过，让欢快的旋律响彻在希望的田野上。

看，堤岸修葺一新，亭台、亲水平台、步道等设施，成了人们健身休闲的好去处。三三两两的人们在广场上或悠闲地散步，或欢快地踏着歌舞……

沿着空气清新、诗意淡然的步道前行，一派水清、河畅、堤固、岸绿、景美景象。由远而近的灵气如一缕微风扑面而来，亦如从古至今的历史，似一卷画轴徐徐展开。许多时候，我们不曾留意的梦里水乡，已然跌进河流翻腾的岁月里。穿越千百年的壶山兰水，沉淀成一个个“水到渠成”的故事。

渠桥河是条承载幸福的河流。灌溉庄稼，工业用水，泄洪排水……河水流到了人们希望去的地方，即“水到渠成”。这对河流来说是件幸福的事，对不同的用水对象而言也是件高兴的事。

从山间小溪，到渠桥河、木兰溪，我一次又一次感受着她们的律动之美。曾祖母曾郑重地告诉我：每个人心中都有一条奔腾不息的河。这让我对弯弯曲曲的河流有着一颗好奇与敬畏之心。

因为河流之美，在胸襟，在气势，在兼容并蓄，在动中有静。每一次走近河岸，我都有一种莫名的冲动。掬一捧河水，洗净你浮躁的心境，给你一种宁静的暖意。因为两岸的风景，会沁透你的心灵，激活你一路向前的动能。

幸福是奋斗出来的。从“龙须沟”蜕变成美丽河流，渠桥河在人们的奋斗——整治与管护中焕发新颜。白天黑夜，日出日落，月升月沉，渠桥河流淌着绚丽多彩的四季，追逐诗和幸福。

少年渠桥河

方如梦

我整个少年时代常从你身边走过却不知你叫渠桥河，那时感觉你很大，怀抱中满是甘蔗。

我们常常背着书包从木兰陂的那个石墩上走过。春天，有时木兰溪水位暴涨，快要漫过堤坝，走过去真的很挑战。

在渠桥河岸边住着我两位好友，一位是初中同学，另一位是高中同学。奇妙的是，我们三人的名字最后一个字是同音。

那时，我从华亭走去渠桥一中上学。位于渠桥河流经地段不远的渠桥一中，在整个莆阳大地颇有名气，莆田各地学子纷纷来此求学，甚至有些需要找关系才能进来。

那时，我们要买一点牙膏、毛巾之类的日用品就得去渠桥村。渠桥河缓缓穿过渠桥村。走过横跨河流的石桥，到达有大榕树的桥头，即到了供销社。渠桥河非常清澈。陈雪家住河边，经过她家门口，经常会看见她奶奶坐在门前椅子上。每次她都热情地拉我到她家里吃点零食，如花生、地瓜之类。现在看上去简单普通的东西，记忆中那时基本上没吃过什么零食。

陈雪陪我去店里，我们欢快地走在河边上，走在石桥上，看落日余晖，看榕树倒影，看一群小鸟飞过。陈雪美丽可爱，热情友善，智慧通达，是同学中的佼佼者。她对我总是那么好，岁月流逝了，但是这一份同学情谊，如水纯真。

住在渠桥河边的另一位高中同学也很友好。每次暑假，我都会到她家住好几天。那时，感觉她家东西好多呀。渠桥河水浇灌的丝瓜、茄子、空心菜、豆荚什么的，特别多特别好吃，她妈妈每天都会煮好多菜。

暑期收稻谷时，我们也会去河边帮忙做一点事。特别难忘的是在傍晚，她会带我去渠桥河里游泳。同学会游泳，我压根是旱鸭子，但是那个时候初生牛犊不怕虎，也下到河里边，有一会儿我感觉差点就被河流冲走了，冥冥之中好像有圣灵在守护，又漂到了岸边。大方的同学现在去了省城，她为人慷慨志存高远。偶尔见面，常常回忆起以前在一起的时光，那些渠桥河边的少年往事。

渠桥河位于城区南面，壶公山北麓，木兰溪南岸渠桥镇境内。从木兰陂分水，流向平原，又分出很多支流，灌浇着莆阳大地无数田地果园菜园，滋养了居于斯长于斯的人们。

现在想起，渠桥河也算是陪伴了我好长一段时间的河流。那时，我们经过的村庄，经过的石桥，经过的龙眼树、荔枝树；每一块麦田，每一亩稻田，每一片甘蔗林，每一户农家小院，至今回想起来还是别有一番清味。

世事悠悠，渠桥河在岁月里曾瘦了容颜。而如今，生命之源重新焕发生机，渠桥河的两岸有了很大变化，有了宽宽的马路，有了美丽的绿化带，也有了高大的楼房。留在家乡或者走出家乡的人，无不感受这些变化。

清清如许渠桥河，少年时代的那条河流，从母亲河木兰溪的怀里延伸出来，带着甘露一般的乳汁，哺育着河流两岸的儿女。

你见证着生活的变化，滋润着美丽乡村，幸福家园；你保持着赤子情愫，怀着梦想，流向庄稼，流向村庄，流向远方，流向大海。

一花一世界，一叶一菩提。你是莆阳大地无数美丽河流的一个缩影。此刻，月光朗照，清风吹来，桂花飘香，秋虫唧唧，壶山静默，渠水欢唱，这是个美好的秋收。

一条美丽河流的时代变迁

胡文凤

傍晚，夕阳余晖洒落在荔城区新度镇渠桥河道两岸的荔枝林上，如同披上一件件金黄色的彩衣。河流蜿蜒曲折，水面上波光粼粼，远处高楼的倒影忽隐忽现。溪流两岸，掩映在茂密的荔枝林中步道上人头攒动，老人们漫步在草坪边，孩子们在口袋公园里追逐嬉戏着。

渠桥河位于壶公山北麓，木兰溪南岸新度镇境内，是木兰溪流域一条重要支流，流经新度镇沟头村、渠桥村、锦墩村、新度村等 8 个行政村，绵延曲折，总长约 8 千米。

如今，渠桥河道两岸风光如画、景色怡人，提升改善了沿岸村庄的人居环境，更成为周边居民每天散步休闲的好去处，沿岸居民无不拍手称好。

可谁又能想到，渠桥河水生态环境变化也历经了一波三折。

20 世纪 60 年代，渠桥河是一条水晶晶亮汪汪的河流。家住在新度镇沟口村苏青阳老师告诉我，他在渠桥河溪畔度过了小学与初中的美好时光。

夏季，那里是人们游泳、清洗衣服的好场所，是一片欢乐的海洋。午后，一拨拨稚气未脱的孩子们来到河畔边，全身脱个精光，扑通一下跳进河里，像泥鳅一样在水里游来游去；偶尔孩子们还打着水仗，那洁白水花朵朵四溅，笑声阵阵，乐在其中！临近傍晚，村妇们捧着一大盆衣服来到河边，一边洗搓衣服，一边闲聊家庭琐事和乡村逸事，讲到激动之时，竟然也手舞足蹈，笑声朗朗。到了晚上，男人们携带肥皂、毛巾等沐浴用品聚拢在溪边，强健的肌肤上只挂着一条裤衩，在朦胧月色下，冲洗掉身上一天的燥热与疲惫……

每次谈起这段故事，苏老师一脸笑容，眼中闪烁着一丝丝激动与兴奋，仿佛还在当时的喜悦中，享受着属于自己的那一份快乐与幸福！

渠桥河依旧静静流淌，转眼间进入 20 世纪 80 年代。此时，改革开放的春风吹拂着神州大地，也吹遍了莆田每一处角落。一夜之间，工厂和企业如雨后春笋般遍地林立，水产养殖池和家禽家畜场星罗棋布，加工坊（如石材、瓷砖等）和违规搭盖的建筑物随处可见。

于是，两岸居民把生产生活的废料、污水、瓶罐、塑料等垃圾纷纷倾倒到河中，渐渐地渠桥河水浑浊发臭，垃圾随地丢放，苍蝇乱飞，杂草丛生……渠桥河正如诗人闻一多《死水》中所描绘“一沟绝望的死水，清风吹不起半点漪沦”。

“雨下东西乡，水淹南北洋。”木兰溪下游地势平坦，曲折迂回，又是福建省内唯一一条城区不设防的河流。一旦遭遇暴雨，上游洪水顷刻下泻，下游极易造成洪水堵塞漫溢。若碰到天文大潮，海水沿溪回溯，就会带来更为严重的洪涝灾害。

渠桥河作为木兰溪的支流，也不可避免地发生洪灾。此时，渠桥河就像一只凶恶的洪水野兽，狂放不羁，为祸甚深。因此，根治渠桥河早已成为新度人民的殷切期待和美好夙愿。

星移斗转，历史的车轮驶进 21 世纪。荔城区启动渠桥河道整治工程，进行新开河道、河道拓宽、清淤清障、护岸建设等一系列施工，着力解决河道疏浚泄水问题。在河流流域治理的基础上，2019 年，渠桥河安全生态水系建设项目被列入全省首批万里安全生态水系建设试点项目之一。据了解，新度镇河道综合治理项目包含河道整治工程、管网收集系统工程、水生态治理工程、景观工程与智慧水务工程，总投资 13.59 亿元，已于 2022 年 7 月完工。

如今，沿着渠桥河道岸边前行，一条彩色透水沥青步道一直向前延伸。在堤岸步道、滨水公园，除了栽种花草树木外，还建有亭台、亲水平台、钓鱼台等设施，成为人们健身休闲的好去处。原来河边的低洼洪涝区，得益于城市沿溪拓展成了住宅区，一幢幢高楼拔地而起，错落有致；河岸边滩涂处一丛丛芦苇葱茏苍翠，绵延两岸，在微风吹拂下，犹如海洋波浪跌宕起伏……

渠桥河的成功治理，实现了水清、河畅、堤固、岸绿、景美，成为人们眼中一道靓丽的风景线。

“这里空气很新鲜，环境又很好，每天我都迎着晨光在步道上慢跑。”五十多岁的林阿姨笑着告诉我。她家住在沟口安置房区，自从渠桥河综合治理后，这里周围环境从又脏又乱没人愿意来的穷地方变成清溪雅境，幸福感、安全感、满足感大大增加。

不少村民在公园或步道上舞剑、打太极拳等，玩得不亦乐乎；岸边碧玉妆成的柳树，清秀挺拔的翠竹，雄跨河道的大桥等景物，倒映在清澈的水中，随波荡漾；河道滩涂处一群群白鹭栖息捕食，或漫游嬉戏，或飞舞盘旋……眼前人与自然美丽和谐的画面，构成了渠桥河一幅动静相宜的生态画卷。

“功成不必在我，功成必定有我。”河道保洁不仅要靠政府的治理，更要靠公众与周围居民积极参与。为深入践行习近平总书记治理木兰溪的重要理念，新度镇许多党员干部与志愿者还沿着渠桥河岸边，动手清理河边的白色纸屑和塑料等垃圾，捡起路边的废弃瓶罐和果皮等杂物，并用垃圾筐装走。行进的途中，志愿者还向过往的市民进行了保护水源地、节水减排、控制排污、垃圾分类等宣传教育活动，以实际行动为建设美丽渠桥河奉献一份力量。

长河如虹，岁月如歌。这条静静流淌的河流虽不言语，却记载着改革开放以来的变化。渠桥河时代变迁，不仅是一个水生态流域的沧桑巨变，也是荔城人民践行“绿水青山就是金山银山”的真实写照。

和平河

陈秋钦

这一生，我见过太多的河流。有的狭长，有的宽阔；有的弯曲，有的平直；有的水流急促，有的则风平浪静……唯独这条河流，普普通通，平平凡凡，却承载着村民的希冀和梦想……

和平村位于荔城区黄石镇东部。东与金山村东埭村接壤，西靠水南村，南邻黄石工业园区，北联井后村。

和平村以“建立生态文明村落”作为新农村建设的目标，每年投入约7.5万元，开展卫生整治，村容村貌焕然一新。

和平村是由五龙村和沟边村合并起来的一个村庄。五龙村，一个角落一条沟，都是一小段一小段，每个村庄都不一样，沟的形状也不一致，有的呈直线，有的呈弯曲……

多少年，在人们眼里自生自灭，如空气一般习以为常。具体叫什么名字，什么年代，人们也说不来，后来，市水利局河道整治，这些“野孩子”，外人不再喊乳名，终于有了自己冠冕堂皇的名字——和平河。

村里的老人告诉我，真的五龙桥已没了，1966年迁移到五星桥，也称五门桥。

在当地朋友邹科长和吴氏董事长吴先生的带领下，我慕名前往，来到五星桥。

五星桥，有五个孔，孔与孔之间写着“友谊第一”，桥面狭窄，桥面小石头铺成的，光滑圆润，似乎有点岁月的味道。桥墩两旁各有一头狮子，惟妙惟肖，栩栩如生。

我默念道："友谊第一?"邹科长似乎看出我的困惑，立即帮忙答疑解惑："友谊第一，比赛第二。"和平村有十多只龙舟，每年端午节，每家派出壮劳力，穿着统一的节日盛装，参加划龙舟比赛。小时候，他天天盼望着端午节快点到。那时，划龙舟丰富了他贫瘠的岁月，滋养了每个孩子的快乐童年。

邹科长告诉我当时赛龙舟场面太热闹了。让我仿佛身临其境，心潮澎湃……

夏日炎炎，人们热情如火。村里的小伙子意气风发，头上腰上各缠着一束红布，在阳光的照耀下熠熠生辉。鼓声响起，龙舟便如一支离弦的箭，在平静无波的和平河上来去如飞。两岸看龙舟的人都大声呐喊，有的还把家中的锣鼓都拿出来，重重敲打助威。更有好事的年轻人把事先准备好的"连环响"鞭炮挂到树上点燃。一时间，呐喊声、锣鼓声、噼噼啪啪的鞭炮声交汇在一处，在河面上回荡，震耳欲聋。

奋勇挥桨，动作整齐划一，坚实的肌肉随着动作一起一伏，额上布满汗珠兀自反射着太阳的光辉。击鼓的人更是兴奋异常，纵身一跃，双槌齐下，恨不得把全身力气都使上，让人担心那鼓会不会被敲破。

赛到紧张处，更是精彩异常，两只龙舟齐头并进，争先恐后……岸上群众的欢呼声、加油声一阵盖过一阵，待到分出胜负，又是一阵的欢呼声夹杂几声懊丧的叹息声。

桥上，一只小狗趴在那里，伸着舌头，四处张望。它突然见到我们一行陌生人闯入它的地盘，又哼又吠，围绕着我们，一点都不怕生，那是一种动物灵性的莫名亲热……

河岸种满了绿树红花，点缀着一旁的高楼大厦，跨河有桥，或拱桥，或平桥，偶见红琉璃瓦顶的亭子。几棵大榕树，郁郁葱葱，枝繁叶茂，根须直伸到河里，叶子却蝴蝶般纷纷扬扬飘落在水面……

和平河的水清澈灵秀。白鹭和蝴蝶舞动轻快的翅膀，飞翔而过，划出柔美的曲线，整条河都灵动起来；鱼儿游动欢快的尾巴，呼出快乐小音符，仿佛致谢岸上人；白鹭在岸上，"闲庭信步"。河水、白鹭、小鱼、蝴蝶成就了岸上人眼里的风景，富有"小桥流水人家"的意境。

沿着和平河岸行走，瞧见一座桥旁，一棵树下，一个穿着脱皮皮衣的农民工，拿着手机，刷着短视频，瘦削的脸上荡漾着久久不肯褪去的笑容。

不远处，一片稻田，稻谷沉甸甸，金灿灿，散发着醉人的芬芳，一阵秋风吹过，田里翻起麦浪。农人们每个人脸上都写满着丰收的笑容。一阵轻微的风吹拂过去，田边的树木，发出金属相似的声音歌唱着。土地芬芳的味息，和着干燥的粮食的香味，在田野间回旋……

这里，时间似乎停滞不前，没有勾心斗角，没有尔虞我诈；不用小心翼翼，可以“为所欲为”，仿佛世外桃源。这难道不是我苦苦寻觅的境界，真是“踏破铁鞋无觅处，得来全不费工夫”?!

“让我们荡起双桨，小船儿推开波浪，海面倒映着美丽的白塔，四周环绕着绿树红墙……”耳畔响起了稚嫩的歌声——《让我们荡起双桨》，拉回到现实世界里，循声望去，原来一批穿着校服，戴着红领巾的“伟人们”，放学了，经过了五星桥。

每条河流都有自己的名字，每条河流都有自己的梦想。和平河承载着往事，憧憬着未来。赛龙舟每年都会举行，那永不服输的精神铸入和平村每个人的灵魂，代代相传，共同谱写新时代民族精神的新篇章。

岁月之河和平河

翁舒苗

泛舟河上，领略和平河带给我们的好风光。眼前的和平河流水潺潺、碧波荡漾，鱼儿跃出水面，河岸两边草丰树茂，一幅和谐的山水田园画卷尽在眼前。

位于荔城区黄石镇的和平河，从上游迤逦而来，两岸麦香稻浪，一派美丽的田园风光。她随意舒展一下身躯，轻扬臂弯，便将周围的村庄温软地揽在怀中。

河水静流，树影如墨，斜晖渐收，河边的鸡群还在悠闲地觅食。柚子树上的柚子无声地低垂，炊烟在不远处的屋顶升起。对面稻田边是一条乡村公路，不时有摩托车来回，不紧不慢……

这乡村，这暮色，不必担心暴风雨随时来袭，不必惊慌荒郊野外找不到归途，不必在意霓虹灯迷乱了视线……

顺着这条河就是家的方向，听着这潺潺的水声就是心的依靠，闻着河边秋草的气息就是温馨的安慰。

和平河看上去很普通，自然流淌不计较源头，也不在意去处，不动声色地穿过城市腹地，尽其所能，滋养着和她一样不大不小的城市。这样的河水，很懂自己没有大海的浩瀚，没有深度，却从不自卑，却依然以自己的方式，我行我素地流淌；她也知道不是这世上最弱的河流，至少可以比小溪强大，却绝对不会轻视小溪，不会在小溪面前炫耀。

和平河也会遇到难处。有时也会需要面对干涸，那种干涸的心情近似于死亡。她必须承受人们指指点点，看，没有水，还是什么河。河不是河

的光阴很难熬，就像世间的一些苦日子，过得的确不像日子。但河有骨性，再干也是河，谁也改变不了她的名字。风雨来临时，就是这样一条不起眼的河，敞开胸怀，能包容多少，就包容多少，尽可能地保护着城市不受到任何伤害。

或许，每天经过她身边的人都没有考虑过，这样一条不起眼的河，为这个城市究竟承受了多少。她并不介意，喜欢这样默默地担当，绝对不会像大海那样咆哮。这样的河，这样的河水，这样的骨性，像世间生活在低处的人，即使在困难中也不气馁，心甘情愿弯着腰，躬着背，凭自己的辛苦劳作，默默为家人担当一切。

我悟不得佛，也不懂禅意。每次行走在和平河边，总是觉得这河水，看上去貌不惊人却极具佛性。因为她能帮我忘记尘世恩怨，放下岁月的不好，教我要向前看。过去的即使错了，也不要介意，改过就好。就像这河水，不也是曲曲直直的，一路走过来的嘛。

我的人生平不平坦，就算是曾被坎坷绊住，摔倒在地。和平河就以自己流淌的姿态，不声不响地暗示我，要把眼光向前看，不要总觉得前路渺茫，眼下需要做的，就是尽自己的本分——是河，就要认真地流淌；是人，就要用心地生活。

和平河，如一位淳朴秀气的农家媳妇清新秀美，羞涩腼腆，向我们款款走来；似一位资深的老者，站在岁月洗礼过的痕迹上向我们讲述着数年的沧海桑田，和平流淌，永不停息……

这条承载着过去和未来的岁月之河，如今也是一条秀美的生态之河，一条厚重的文化之河，一条通往幸福路的黄金之河，一条党和政府与百姓紧密相连的惠民之河！

美丽蒜溪

易振环

河流是一个村庄的根系，厚载着抹不去的乡愁。

“日烁千山草树然，海乡极目少炊烟。蒜溪一脉涓涓水，只绿庵西数丈田。”这首南宋诗人、词人、诗论家刘克庄（1187—1269）的作品，足见蒜溪一带的风光美丽。

这条源于连绵起伏的蒜岭山脉的溪流，流经江口镇官庄、东大等7个村庄。溪流“为媒”，让百里蒜溪两岸的村庄成片，远离喧闹的城镇，优雅地躺在宁静的清新中。

依山傍水的村落、古寺晨钟的缭绕、千亩果园的葱郁、百间古居的拙朴……为生态乡村旅游业的发展提供了丰富资源，以乡村生态旅游为主题的景区浑然天成。

漫步蒜溪公园护岸，溪水潺潺，空气清爽。长12千米的滨水绿道串起周遭的官庄、东大、大东、上后4个村庄，“小桥、流水、人家”的特色意蕴扑面而来。脚下一枚枚形状各异的鹅卵石，圆溜溜，光滑滑，惹人喜欢。赤脚前行，领略村落景致，收获天元地气，是一种别样的闲情信步。

一村落一景致。如今，水上乐园——官庄，让你来一趟与水“零距离”；南洋特色古民居群——东大，让你了解华侨异国他乡的艰辛创业史；田野农耕园——大东，让你体验和感受农活的乐趣。此外，还有历史悠久的鼓峰寺、青峰亭、碧峰寺；文化深厚的迎仙桥遗址、福莆古驿道、朱熹草堂，移步一景。

蒜溪畔的东大村常住人口1800多人，海外人口高达4000多人，主要分

布在东南亚。其辖的 2 个自然村——东源村和大岭村老洋房数量之多，规模之大，造型之美，令人惊讶。

据介绍，这些南洋老建筑建于 20 世纪三四十年代，迄今已有七八十年的历史。东源自然村素来有“小南洋”之称。以前，穷苦的村民为了生计离家下南洋谋生，尔后回乡建新房。他们“洋为中用”，从国外运来洋灰、钢筋及瓷砖等建材，把当时南洋流行的元素融入到架构之中，形成了中西合璧的洋房，颇具特色。最典型的“姚春华厝”，是栋气势恢宏的三层洋房。其回廊曲折蜿蜒，护栏用一排排雕刻精美的石葫芦装饰。楼顶以龙凤为主题的彩绘栩栩如生，墙上还有多样的建筑构件，形状各异，“各司其职”。最吸引眼球的是，顶楼两个“蒙古包”，中间连着一块“双狮戏球”的石雕造型，堪称技艺超群。而俗称“120 间厝”的丰隆大厝，亦称“五哥六角亭”，建造于 1926 年，系姚丰隆及其三个兄弟所建，是东源侨乡古民居中的标志性建筑物。姚丰隆（1874—1956），民国初年赴南洋，从拉黄包车开始，到成立万丰隆公司，经营汽车、摩托车修配公司，后来业务拓展至汽油、汽车等领域，誉满东南亚。黄玉香厝也颇具规模，房屋的木雕和石雕十分精美，屋顶和走廊的龙凤彩绘色彩鲜艳。文德楼，始建于 1932 年，系姚文德（1886—1958）及其五位兄弟所建。这些华侨厝折射出河流的胸怀与包容，也见证了一种别样的文明。

或许，一条河流能够赋予更多的文化标识。东大村为“福泉古驿道 入莆第一村”，曾经驿道记录着逝去的芳华和孤独；大岭村有名的軰斋院落、“軰斋兄弟”，让人赞叹章武、章汉兄弟的文采……这些岁月的印记，无不烙下文化刻痕和袅袅乡愁。

沿萩溪行走，分明有水声起落：高低轻浅，淙淙作响，时而舒缓，时而湍急，追逐入海之梦。

溪美幸福来

李旻轩

蒙蒙细雨飘落，水面微波荡漾，两岸绿树掩映，远处屋舍俨然……秋雨中的萍湖溪别有一番景致。

萍湖溪是涵江的“母亲河”——萩芦溪庄边镇萍湖村段，暂且这样称呼。萩芦溪由西向东经萍湖村中部穿过，将村庄分为南、北两部分。溪流让这个古村充满了生机。村中保留完好的古建筑有祖厝、顶厝、楼顶、中厝、过垅，均为四百年以上的老宅。南面越王山下的南峰寺，建于五代，是闽中有名的古刹。宋朝，南峰寺香火鼎盛，前来朝拜的僧侣络绎不绝。据《宋史・郑樵传》记载：宣和元年（1119 年），郑樵之父郑国器卒于姑苏。郑樵时年十六岁，盛夏徒步护丧归葬，结庐于越王峰下守护父墓刻苦攻读。据此可见，史学家郑樵曾在南峰寺西边南峰书堂刻苦攻读，文化底蕴丰厚。此外，村里还有棵千年古树——油杉，让萍湖村的历史更精彩。

文化与景色交相辉映，为萍湖溪增添了很多风采。

这条流淌着悠扬旋律的河，承载着萍湖儿女的美好记忆，承载着产业脱贫、传承历史文化的担当，也孕育着“幸福河”的梦想。

萍湖村是革命老区村、国家级乡村旅游重点扶贫村，水资源生态资源丰富。过去两岸靠一条水坝相接，一旦上游下雨，溪水上涨，群众无法通行。可以说，溪流阻挡了村庄发展的脚步。

如何破解这一难题？2014 年，该村来自省城挂职的第一书记封承宏多次到交通等部门跑项目和资金，终于 2015 年建成横跨萩芦溪的萍湖大桥。桥通了，方便了群众出行和生产，也激活了两岸的人文、旅游资源。

站立萍湖大桥，倚栏远眺，舟行碧波，人在画中游。游客禁不住脱下鞋袜，踩在清凉溪水里，快乐地戏水。那笑声，让人仿佛又回到了纯真的童年时代。

漫步临水石阶，聆听到溪水的呼吸，领略着江南水乡的韵味，感受自然山水的安详与静美。

据介绍，萍湖村以保留河流原生态为前提，立足山水生态资源禀赋，以水为魂，以绿为基，全力打造“水生态＋水经济”协同护水模式。即依托河道治理工程建设，收集全村生活污水，修缮环溪步道，建设休憩亭，打造灯光荻芦溪畔夜景工程。还投资约170万元，配套环村休闲农业步道和生产设施等，打造荻芦溪畔“醉美河道”的靓丽风景线。

几年间，原本无人管理的河道旧貌焕新颜。如今，一幅河畅、水清、岸绿、景美的生态画卷在世人面前渐次展开。

河流是村庄上涌动的血脉，宁静又不乏热情。她见证了一个山村的发展历史。身处这个古老而淳朴的村庄，感受山水的依偎，一切都是那么美!

水环境的日臻改善，加上村庄基础配套设施的完善，萍湖村可谓移步皆景。吸引了众多学生在萍湖举办夏令营，游玩嬉戏，体验农家劳作，从小根植“河长制”理念，自觉守护绿水青山。

世事沧桑，我一直认为，河流的幸福在于灌溉田野，给鱼儿温馨，给人们希望……看来，为民造福而治河，让河流真正福泽于民，那是萍湖溪的选择。据说，很早以前，萍湖溪一带有人靠鸬鹚捕鱼为生。他们每天早早扛着竹排、鸬鹚去捕鱼。鸬鹚叼来的溪鱼格外好卖，是因为这种鱼是淡水鱼，新鲜、味美。提起此行当，村民摇摇头说，这种捕鱼方式早就销声匿迹了。现在，清澈见底的溪水淙淙，水中鱼儿像小精灵一般自由自在游来游去。

每到周末，萍湖溪总会迎来周边慕名而来的游客。他们拖家带口，体验真人CS基地、橡皮艇、射箭、竹筏等多项网红项目。据介绍，全村每年接待游客人数达 2 万多人次，旅游产业收入为每年 230 多万元。景点还带动扶贫超市红火起来，既方便游客的同时也帮助贫困户提高收入，增强了群众的获得感、幸福感。

伫立萍湖大桥，放眼望去，一湾碧水映衬两岸美景，轻风吹拂，溪河景色越发怡人。“看得见水、记得住乡愁”，是人们的美好愿望。如今，萍湖溪已成为该村生产、生活、生态融合发展的生动“注脚”。一条人与自然和谐相处的“幸福河”，开始奔腾着共同富裕的梦想。

再忆宫口河

陈　渺

宫口河是属于我的河。

我常常想变成一只鸟，回到旧时涵江，从天俯视这座河流纵横交错的水乡，穿过红砖骑楼的廊下，随同老船只进入宫口河。顺着河流的流向，老船只贴着水面，掠过一座又一座石拱桥桥洞，其随时可以在某一个埠口停靠上岸，自由地往咸草顶飞去。

我的家就在咸草顶。那时候，家家户户还未通上自来水，喝水得去挑附近的井水，而洗衣洗被则要去宫口河。

宫口河因古时河北岸有座妈祖宫而得名。当涵江成为闽中最大商埠后，水路发达的宫口河因紧靠涵江内海码头，自然便成内河水运枢纽站。因此，宫口河的货栈、仓库林立，物阜民丰。

算命先生说我五行缺水，按理，我该多近水才对。但外婆和妈妈不知哪里听来的，一直不让我靠近井口和河边。所以，每次妈妈拗不过我，带我去宫口河洗衣时，我只能在岸上石墩坐着等，但我一点也不觉得无味。我一落座就会开始与宫口河最隐秘的游戏——数船只。往返宫口河的不仅有货船，还有客船。货船总是沉甸甸地把船身压得很低，船家往往一人在船头，一人在船尾。在河道拥挤的时候，他们就拿出一根长长的杆子来引导方向，并相互问候。靠岸时，早有货栈的人等在那里，粗麻绳一甩，船就慢慢驳停，就有工人涌上来搬卸货物。妈妈一边洗衣，一边要看住我，回头来跟我讲话，见我掰着手指头，口中念念有词，就吓唬我：长大不读书的话，以后就在宫口做搬运工！我自然是听不懂，也没心思听，因为好不容易数过的船只，一闪眼的功夫全乱了。而客船上的过客，常常也被宫口河岸上云集的商铺、拥拥嚷嚷的繁华景象所吸引，他们翘首观望，又连连发出“啧啧”的惊叹声，可是没等他们足够欣赏，船只已过桥远去了……

稍大后，宫口河成了我和小伙伴的游乐场。在夏日午后，我们总是结伴偷偷去宫口河游逛。小男孩们一跃就跳进了河里，他们互相取笑彼此狗爬式的泳姿，又发起疯来比赛。有人吃了水，就露出头来吐，又发起狠来去追，双脚打着青绿色的河水溅起白色的水花。而年纪大点的小哥哥，却从来都是低调而不张扬的，只见他像箭一般射入水中，一下子就没了身影。等再望见他时，他已在十米开外了，游几个来回，就回岸，穿上鞋就走了。这样的少年常常独来独往，目不斜视，根本不屑加入我们这帮傻孩子之间。在阳光下，他的背影还淌着水，背后的肩胛骨像一对翅膀，仿佛要飞去远方，再也不会回来了。我们小姑娘不敢下河，就在下河的石阶处玩水，那河水又清澈又带着些许暖和，我们撩动着河水，形成一个个小小的水圈。有胆大的小姐姐要再往下淌，总是被胆小的我叫住，只好陪着我，顺道把手绢也洗了。然而，对于我而言，与宫口河的这般亲近，已是我最大的满足了。

待大家都上岸后，我们还有最后的狂欢。寿泽桥头上有一个老字号——龚氏“橄榄添”青果店，是我们必逛的地方。大家掏出卖废铁的零花钱集中到一起，买上两串姜橄榄和杨桃分着吃。那是至今都不会忘记的美味，黏稠的蜜汁酸中带着甜，甜又不腻，刚要滴下来，就有人不舍得伸出舌头去舔。我们站在桥上，夏日的晚霞正慢慢飞来，风灌进我们逐渐干透的衣服里，把后背挠得痒痒的。桥下有鱼群不断地冒着水泡，晕染出一环环小小的涟漪。再远处，砖楼拱廊下，主妇们已把一家人的晚饭端到门口的小饭桌上了。人们摇着蒲扇，一边吃着刚上岸的海鲜，讲着今天的收获和家长里短，吆喝小孩子快点回家吃饭。喧哗声、打闹声夹杂着穿行在街头巷尾的锅边糊、车丸等小吃担的叫卖声，把一天里的热闹推上的云端。最远处的几座拱桥相继亮起了灯火，弯弯的灯火映照下，汽船声渐远渐失。

夜就要来了。我们还是流连忘返，一定要在工人电影院门口的电影海报那里再驻足片刻。不知谁大喊一声：妈妈来了！只见河对岸跑来怒气冲冲的一个妇女，双臂套着袖套，拎着木棍，咬牙切齿地朝我们奔来，吓得我们立即分头散去。还好，宫口河的街巷总是相连，只要拐几道弯也就跑回了家，顺手还会把在咸草顶集市上逃跑的小螃蟹捡回家，准备养在玻璃罐头瓶中，留着晚上睡不着觉的时候可以一起讲悄悄话。

这就是我记忆中的宫口河。我在这条河边出生，长大。我妈妈也是这样，她一定五行不缺水，因为她在做小姑娘时就已经是宫口河的游泳能手了。成为母亲后，她总是匆匆抱着我沿着宫口河去保尾镇办机械厂上班，或是匆匆地牵着我驮着衣服被褥去河边清洗，她的身影总是出现在宫口河畔，以一个母亲的形象与宫口河一道深深地镌刻在我的记忆里。

宫口河也是属于我妈妈的。近几年，经综合整治，宫口河成了新打卡地，增强了群众的幸福感。也就是说，宫口河带来的幸福属于涵江的所有母亲。

遇见宫口河

方允辰

清晨时分，宫口河畔。

朝霞从屋顶渗入河面，静靛的水面，倒映着蔚蓝与金光。宫口河水用一种古老斯文、质朴的温柔，迎来了崭新的一天。

宫口河地处莆田涵江旧城区北沿水心河中心地段，因河北岸古时有座妈祖宫，后人便把宫门前河岸称为“宫口”。其从保尾四沟嘴到鳗巷口长约千米，是涵江内河航道的枢纽。

宫口河潺流千年，源远流长。史载，宋代端明殿大学士蔡襄在水心河入海处创建“端明陡门”，守护宫口河两岸农田免受水患之害。后几经修治，宫口河又获新生。河上架设寿泽桥、丰乐桥、喜雨桥三座水泥拱桥，一艘艘载货的小船顺水而下，穿行于古老的拱桥。河岸商栈鳞次栉比，商旅来来往往，河中舟楫穿梭，行人如织，一派繁荣，被人称为“东方威尼斯”。20世纪80年代，邮政部门还特地把宫口河夜景制成明信片发售。

在这里，我仿佛看到豆饼、桂圆、荔枝干、红糖、原盐等大中型商号的生意兴隆，家家门前建小码头的繁忙有序；听到摇桨声，捣衣声，以及“余柑、橄榄”叫卖声……

在这样小桥流水人家的河段，水乡的美丽故事别有一番纯净、古朴的韵味。

千百年来，治理后的宫口河似一位无邪的少女，澄明、活泼，充满“梦里水乡”的梦想与希望。

水乡涵江，是座因水而生、因水而兴的城市。守护一方碧水，全面改

善城市水环境和生态环境，是当地政府为增进生态福祉、建设幸福河湖的重要举措。

2018 年 5 月 16 日，涵江区水环境综合治理项目正式施工，率先对宫口河黑臭水体进行综合整治。据报道，水环境综合治理包括管网收集系统、河道整治和景观建设工程，其中管网收集系统主要是修复和新铺设污水管网，管道总长约 210.3 千米；河道整治工程涉及堤防工程、水系连通工程、河道清淤、河道底泥处置及资源化利用；景观工程包含西河公园、滨水慢行系统，以及部分原有景观改造提升工程。

河是“城市的睫毛”。宫口河养的是城市的灵气，写的是城市的豪情。如今，往日的“龙须沟”恢复了生机，诉说着人与自然和谐共生的欢歌。沿河奇花异木，亭阁逶迤，鱼儿欢快游动，别有一番风味。系列景观为百姓营造了河畅、水清、堤固、岸绿、景美的宜居环境，形成了一个集休闲、运动、水系生态于一体的多功能城市综合体公园。生活在内河两岸的居民亲眼见证了历史性的变化，真切体会到了生态治水建设带来的幸福感和获得感。

在这里，适宜人们健身和邂逅，适宜静思或闲庭信步，适宜用一颗轻松的心情盛满绿色回归生活。

在这里，人们感受时间的恍惚，以及城市温暖的阳光。每当华灯初上，光影游走，建筑线条，活跃眼帘。踱步其中，一种心旷神怡、物我两忘之感涌上心头。那是情调与情怀、惬意与诗意、人与自然的交融，在夜色阑珊中灵动起来。

生态与文化的和谐融合，是一种追求美好生活的馈赠。或许，多年以后，你经历风雨归来，容颜已改，却依然认得出被宫口河保存的情怀。那时候，正是应了卞之琳的诗句——“你站在桥上看风景，看风景的人在桥上看你。”

一河两岸写春秋。伫立寿泽桥，凝望波澜不兴的宫口河，以及静静流淌着难以言说的乡愁记忆，攒足了水乡动力，奔向远方。

滨水地标西河公园

蔡建财

初冬时分，西河公园门口异木棉的绽放吸引了众多路人驻足观赏，并拿出手机拍摄。一树绽放的奇特景观，称之为美人树，一点也不夸张。这已经让西河公园脱颖而出成为涵江城休闲的新地标。

西河公园位于涵江区涵西街道群英社区，是涵江区总投资15.38亿元的水环境综合治理一期工程PPP项目中的一项子工程，总投资3000多万元。

2018年10月，工程开建，规划建设成为一个全龄化的滨河公园。也就是说，西河公园其配套设施可适合不同年龄段人群运动休闲。“滨河”是“公园”的生动前缀，有了河，公园也变得灵动起来。

西河公园建设景观阶梯、景观挑台、亲水平台、滨水木平台等滨水步道景观，打造人与自然互动的水景，使自然与人文交融。在活动主题分布上，公园建设欢动广场、儿童乐园、康乐世界、运动乐园、阳光绿荫等功能区域，全力构建一个绿色、健康、生态、亲水、宜居和现代的公园景观。行走在西河公园的曲线廊桥上，顿时神清气爽，因为廊桥赋予了公园更多婉约之美与不同景象。

原来的西河公园河道，就是一条臭水沟，河面上到处都是生活垃圾，散发着臭味。自河流治理后，公园提升和完善了沿线的绿化景观、休闲设施等，河道得到彻底清淤整治。水环境越来越好，白鹭等一批对水环境要求甚高的飞禽类，开始栖息于此。这是河道整治成效最有说服力的表征。公园将生态河道与生态休闲有机结合，实现河道由功能型向生态型转变，为城区经济发展和百姓生活休闲营造了优美的环境。

植物的多样化是西河公园的一大特色。叶金合欢树、美丽异木棉、榕树等，各种树木花卉品种丰富，姹紫嫣红，生机盎然。

漫步公园，随处可见的健身休闲功能颇为齐全，篮球场、羽毛球场、乒乓球桌、儿童游乐场等，适合不同人群的运动场地让大家动起来，让生活美起来，让城市的活力随处可见。

健步道蜿蜒而行，开启西河公园健步行。有了这个健步行步道，居民可以一边欣赏优美的滨水景观，一边锻炼身体。融生态、休闲等功能于一体的西河公园，成为涵江区居民休闲散步的打卡地。每到早晚时分，四面八方的人纷纷涌来休闲健身。老年人在步道上闲庭信步，青年人跑在河边挥汗如雨，小情侣依偎在长凳憧憬未来……一派欢乐祥和融洽氛围映入眼帘，走入心田。如今，公园已为涵江城居民提供舒适宜人的生活环境和方便多样的游憩场所。

一座有水的城市，是灵动的、灵秀的，充满灵气的。

来到这里的人们，惊喜地看到——河道环境改善了，变得优美了。这里，前后的明显对比，充分证明了西河公园河道综合整治工作的成效，提升了涵江城品位。“水清、河畅、岸美”的优美河道环境逐渐成为一种常态。

河道整治是多少人共同梦想。漫步其间，不由令人心旷神怡。的确，一条河道不只是一条排水河道，蜿蜒穿梭在涵江城居民区的她，既是涵江城在汛期的安全行洪通道，又是承载涵江城风貌的景观廊道，更是居民锻炼身体的休闲步道。

西河公园“以水为媒”，积极推进城区水系畅通工程建设，全力打造“水清、水畅、水美”的优美河道环境，为实现生态振兴、转型崛起注入了新鲜活力和“水韵”色彩。

西河公园，美在自然曲线，美在滨水步道景观。居民开始喜欢上这一个地方了。

水韵梧梓河

蔡　润

过去的梧梓河，多年的污水入河、垃圾丢弃致水体发黑发臭，漂浮物、滋生的衍生物导致空气污染，既严重危害了居民生活环境，也影响了城市形象和水生态系统。

前几年，梧梓河通过实施清淤、护岸、景观绿化、截污纳管等整治工程，实现了美丽“蝶变”，凸显了涵江的水韵。

梧梓河流经梧塘镇溪游村、国欢镇都邠村、白塘镇安仁村。河道两岸栽种柳树、粉色凌霄花等绿化美化乔灌木树木、花卉，体现了品种的多样性。大叶栀子、马尼拉草等地被类净化空气，为河道增添了无限的生机。

如今，梧梓河生态环境得到了极大的改善，吸引了白鹭、黑水鸡等十几种鸟类在此栖息、安家。花叶芦竹等水生植物辅助河水开启自身净化功能，利用水生植物、微生物等来改善水质，也是切实可行的办法。

这一切都要归功于河湖长制的实施。自梧梓河实施河长制以来，加大了河道保洁巡查力度，由河长带头巡河，用脚步丈量河道，进行现场把脉，开出治水良方，发现并解决问题，做到了“五清”——即清理非法排污口、清理水面漂浮物、清理淤泥污染物、清理河道障碍物、清理涉河违法违建。

河长制，让梧梓河真正实现了从“河长制”到“河长治”的目标。除了河道疏通、护岸建设，还以营造生态文化景观为目标，新建健身步道等，许多居民在健步道上健身，也有不少居民带着孩子前来散步，嬉笑打闹，其乐融融。

梧梓河改造后实现防洪标准全面达标，建立起防洪工程体系；临水绿

化、亮化和景观工程建设后，河岸线做到安全、亲水、舒适、靓丽；河道淤积全面畅通，在清淤增加蓄水空间、疏通河道水流的同时，构建起良好的水生态景观。其中，河道护岸作为连接水体与陆地的生态交错带，生物多样性丰富，具有维持水体平衡保护河道近岸水质的重要功能和价值。

值得一提的是，河道的另一侧多为老式民房及具有当地特色的古建筑，一抹古迹遗风色彩渊源留存。

“没想到之前的梧梓河能改造的这么好，梧梓河又充满了生机，可真是得到放松的好地方!”

“现在的梧梓河变化真是太大！这要是放在以前是想也不敢想的!”

“以前河水黑臭，河道淤积，现在不仅河水变清了，岸边还修了防护栏杆、健身步道。”

……

谈及河道变化，前来休闲的居民纷纷竖起了大拇指。近年来，大家真切感受到梧梓河的变化。政府投入财力，改善的不仅是河道，更是百姓日益美好的生活，梧梓河让百姓切实感受到为民服务的温度和日益增长的幸福感。

“防洪排涝标准的安全河、水质优良的健康河、兴利便捷的惠民河、景色优美的文明河、现代化管理的智慧河、全民生活共享的和谐河、创造于人民的幸福河。”百姓对整治后的梧梓河评价很高。

梧梓河以“安全生态、水清河畅、岸绿景美、人水和谐”为目标，大力开展生态河道治理，打造人民满意的生态河道、幸福河道，让城市融入大自然，为打造美丽生态涵江贡献力量。

梧梓河——蝶变景观河。经河道整治，景观改造，梧梓河展现出美丽姿容。“水乡新韵，活力涵江”的韵味体现得淋漓尽致。穿保利城而过的梧梓河，在涵江人民眼里、心中，是一道靓丽的风景线，让老百姓生活有了更多的获得感、幸福感。

碧湖如画

走近湖石渫

林　刚

早闻湄洲岛湖石渫是个美丽的湖泊，却一直未能亲眼目睹，心中充满向往。前阵子，一个偶然机会，我来到湖石渫，感受这一海岛上的幸福河湖。

那天雨过天晴，海风徐来，步入湖石渫（纪念林段），眼前一片翠绿。入口处，一块耸立苍松花丛之间大青石上，“保护好湄洲岛”字样十分醒目，不少游客驻足拍摄留念。环岛道路内侧，一条清澈见底的水渠，金色鲤鱼游弋其间，自由自在。树影婆娑，倒映水面，清晰可见。小桥流水，风光秀美。置身“两岸同愿林”，树木葳蕤，并肩伫立，茁壮挺拔，绿意融融，守护湖石渫。

湖石渫是湄洲岛唯一一处天然淡水湖，位于岛屿中心位置。水域面积约 14 万平方米，水量约 21 万立方米，水深在 1～3 米，范围包括上湖、下湖、纪念林河道、马西渠、沙厝渠，周边分布着 4 个村庄。据说，在未治理前，时有雨污注入，水体浑浊，一度被称作湄洲岛的“龙须沟”。

沿着漫道前行，只见河道碧波荡漾，岸边绿植随风摇曳。解说员娓娓道来：20 年前，湄洲岛还是座“只长石头不长草，海风吹着沙子跑”的秃岛。如今，这里万木成林，绿荫满岛。可谓秃岛变绿岛。

解说员说，湄洲岛 2017 年实施了湖石渫及周边生态水系综合整治工程，采取污水收集、水质净化、排洪渠整治、植物种养等方式，着力改善湖体水质。针对污水封堵不彻底、管口雨污混流问题，湄洲岛坚持以问题为导向，统一截污纳管，控制外源污染；针对不稳定的水体窘状，栽植沉水植物，覆盖率达90%以上。河道、渠内种植水生植物，投放底栖动物，形成生态生物链，可以分解有机物、去除氨氮、抑制藻类等，化解污染，达到净化水环境的目标，水质有了明显改善。怪不得，朋友说，在这里用手机也能“傻”拍到倒影。

牢记嘱托，湄洲岛以尊重自然、提升水质为出发点，探索出治理湖石渠水清、岸绿、景美的新路径。

岛民小林说：“小时候这片水是一个‘臭水沟’，生态环境不好，现在这里成了公园，生态环境变得非常好，是一个老百姓常来散步休闲的新去处。”

“污水无踪迹，清水河中流，两岸绿成荫，人在景中走，心情就是爽。”陈大爷谈及湖石渠的变化，脸上洋溢着幸福的笑容。

湖石渠湖畔芦花丛，亲水栈道平台，还人们亲水乐水赏水之愿，让当地群众守得住儿时记忆乡愁。

不知不觉走了一段路，湖石渠下游处的大型风车吱吱呀呀，让人想起曾经的童年岁月。附近绵延的草地，绿得像抹上了一层油。许许多多叫不出名字的野花点缀其间，在空气中芬芳四溢。一种宁静在心中舒张开来，心思汪成一湖水，雕刻湖面瑰丽的时光。我们常说心静如湖水，其实很难做到这一点。没有经历太多太多的大起大落，或许你就无法体会平平淡淡、从从容容才是真。在湖石渠，拥有一份宁静，那是一种幸福。

“最爱湖东行不足，绿杨阴里白沙堤。”此情此景，我想到了唐代诗人白居易《钱塘湖春行》。面对水如平镜的湖石渠，心中顿时有了澄静透明、沁人心脾的感受，借用“最爱湖东行不足”形容当时奢望，再好不过了。因为这里没有城市的喧嚣、尘世的浮躁，只有令人流连的纯净和静安。

爱上一座湖，迷恋湖石渠，我忐忑的心渐渐地静如湖水。因为她是远方和诗，但更像一个人的精神原乡，如此陌生又熟悉，仿佛嵌入了今生前世的记忆。这样的湖泊，浸润着萌动的心灵。湖石渠护岸的芦苇丛，像燃烧的火焰，点燃梦想——生态湖、景观湖、民心湖、幸福湖。

湄洲岛上的湖

丹 诺

天下妈祖，祖在湄洲。

湄洲岛名扬四海，但关于湄洲岛上的湖石溧未必人人皆知。湖石溧是湄洲岛上唯一的天然淡水湖，“唯一”足见其珍贵。大海中的岛屿，岛屿中的湖，浩瀚蔚蓝中的碧绿，想象一下都挺美的。

如果说，湄洲岛形如眉宇，那么位于湄洲岛中部的湖石溧就像眉宇中的一颗美人痣，为湄洲岛的颜值增添了几多魅力。

湖石溧湖体呈半开放式，地处低洼，在未治理前，地质浑浊，湖内生态系统破坏严重，一度被称作“龙须沟”。几年来，通过水系综合治理和生态保护修复，湖石溧实现华丽转身，成为新晋景区——湖石溧生态公园。

湖石溧生态公园景色优美，碧湖绿洲青岸，石桥风车凉亭，曲曲折折的栈道，平平坦坦的绿道，还有一些景点有纪念的意义。“两岸同愿林”意为两岸同胞共同祈愿呵护生态环境，践行“立德、行善、大爱”的妈祖精神，消弭隔阂、深化共识、消灾避难、增进福祉、平安和谐。两岸同胞一起种下的重阳木，预示着长长久久心连心。

湖石溧水质从浑浊到清澈，走过了探索之路、实践之路，蓝图成真凝聚了每个人的智慧与汗水。

据报道，湖石溧纪念林段河道是湄洲岛水质提升综合整治试点，通过“截、清、净、引、活”管理措施，采用种植四季常绿矮化苦草和底栖动物投放等方法改善水体透明度和底部断面稳定性。此河段驳岸底部土壤中会有铁锈水渗出，采用底部清淤回填种植土，在侧壁底部用混凝土勾缝修复驳岸。纪念林河道试验段工程以河流为脉络，村庄为节点，统筹水陆，集中连片治理。同时采取生物技术，提高水体自净能力，利用湄洲岛污水处理厂尾水，变废为宝。综合治理后，水质实现从浑浊到清澈的转变。

我曾参观过其他地方的污水处理厂，了解过污水处理流程：粗格栅，细格栅，初次沉淀池，生物池，二次沉淀池，陶粒滤料，快滤池，消毒池，回用。惊叹于一池污水化为清水的神奇，惊叹于处理过的水浇灌出一个枝繁叶茂、鸟语花香、流水淙淙的湿地公园。

据悉，湄洲岛污水处理厂尾水再生回用蓄水池已成为全岛绿化灌溉的主要取水点，目前已建有多条尾水回用管道。通过抽水泵房加压外送尾水，用于植物灌溉、生态补水等。其中，有两条管道引至湖石溧生态公园及周边地区，保障了湖石溧的生态补水。

如今，湖石溧纪念林河道水体清澈见底，湖底水草宛如“水下森林”，鱼儿在水中自在“飞翔”。岸上绿树葱茏，繁花点点。河道曲线柔和，如画家笔下的匠心独运。不远处是一座石拱桥，衬出了小桥流水的意境。村民绕湖锻炼，游客漫步观赏，老百姓的幸福感、获得感油然而生。

问湖哪得清如许，为有源头护湖人。这美丽风景的背后包含着多少专家学者的研究探讨，多少决策者的统筹实践，多少建设者的挥汗如雨，还有湄洲岛河长制妈祖义工志愿服务队的护湖行动。如今，我们的岛民、游客也增强了护湖意识，自觉参与保护湖石溧。

俯瞰湄洲岛，海的波澜壮阔，湖的静若处子，相得益彰。

第一次去湄洲岛时，我还是在芳华年岁，因在此岸用望远镜望见彼岸的台湾岛而兴奋不已。此后又去过数次湄洲岛，每次都有新发现的美丽。如果你来到湄洲岛，别忘了去新晋景区湖石溧生态公园看看。

四季土海

郑玉珠

秀屿的水，既有激荡雄浑的壮美，也有瑰丽清隽的秀美，可谓性格鲜明。

如果说，秀屿的海是用咸腥海风和千层巨浪堆叠起铮铮男儿的伟岸形象。那么，土海则以其空灵澄净的湖泊和苍郁灵秀的草木，向我们展示了温柔女子的无限风情。

据史籍记载：土海开凿于唐代贞观五年（631 年），由木兰溪支流扩建而成，面积近 200 公顷，取名“国清塘”。因该塘处于低洼地，塘底原为田土，又与兴化湾海水相通，故民间俗称“土海”，是福建省最大的湿地公园，为秀屿大地增添了一道亮丽的风景线，如今也成了网红打卡地。

走进公园，映入眼帘的是一个个大小不一的人工湖，被湖中蜿蜒的小岛随意分割开来，形成一张巨大的绿意盎然的水陆图，营造出一番别样的美。

在这里，有的湖有十几公顷大，湖上碧波浩渺，空灵浩瀚；有的湖则非常狭窄，远远望去，形如一汪不规则的小水洼，煞是可爱！登临那凌空飞架于千亩水域上的五孔弯月映水桥上，只见水网密织，纵横交错，千米木栈，人行其上，移步换景，真是令人目不暇接。远远望去，恍若仙境般的画卷徐徐展开，万种风情，任人追想。

春天，万物苏醒、百花盛开，小草偷偷地从土里探出头来，好奇地打量着这个多彩的世界。湖堤旁，上百亩桃花已然盛开了，引来了翩翩飞舞的蝴蝶秀出自己曼妙的舞姿，也吸引了“劳动模范”——采花酿蜜的蜜蜂，更迎来了摩肩接踵的游客。人们在花海中驻足、流连、拍照，深深地陶醉在“人面桃花相映红”的诗意中；无忧的孩子穿梭其中，奔跑中，撒下了一串串欢声笑语，一不小心碰落树上片片或粉红或深红的桃花，飘落在碧绿的草地上，好一派落英缤纷的唯美景象！

“春江水暖鸭先知。”是的，野鸭们率先拿到春姑娘的邀约后，便迫不及待闪亮登场了。有的鸭子显然是独行侠，“嘎嘎，嘎嘎”地唱着欢快歌儿，优哉游哉地游着。有的则成双成对，时而彼此用嘴帮对方梳理羽毛，落落大方地秀恩爱，那一副体贴的模样，羡煞旁人。

白鹭也是湖泊的主人，我时常能见到它们优雅的身影，翩跹在湖泊上空。它们是天生的舞蹈家，它们拍打着雪白的翅膀，优雅地旋转着，一会儿冲向天空，一会儿轻轻地掠过水面。当我想近距离地观察它们时，它们会马上警觉地腾空而起，然后缓缓地降落，始终与我保留一段安全距离。这些小精灵警惕性真高，让我无限惆怅。到了黄昏时，落日映红了天边的晚霞，土海再现了落霞与群鹜起飞，春水共长天一色的美好意境。

夏天的土海花开成海。一棵棵鸡蛋花傲然挺立，一朵朵花白中带黄，清新可爱，散发出一阵阵浓郁的香甜气息；一簇簇火红的三角梅开得正热闹，与岸边繁盛的绿意相映成趣。天刚蒙蒙亮，有的人已经围绕着湖畔在跑步，老年人不紧不慢地打着太极拳，还有的人在兴高采烈地跳着舞。

这时的土海是充满生机和活力的，像那冉冉升起的朝阳。黄昏时，可见三三两两的人结伴来土海野餐，他们把餐布铺在厚厚的草地上，面朝湖水，席地而坐，一边吃着，一边领略眼前的美景，一边有一搭没一搭地聊着天。此时，晚霞照耀在湖面上，好像无数钻石散落湖面上，发出耀眼的光芒。

有的凉亭建造在湖泊旁，亭子上面铺盖了一层又一层的草，营造出一种古色古香的气氛。傍晚，远离尘世的嘈杂喧嚣，一个人捧着一本心仪的书，坐在凉亭中，心无旁骛地阅读。读累了时，眼睛投向湖泊，放空自己的头脑，静静地享受一个人独处的时光。

在落叶纷飞的秋季，土海周边的树叶开始枯黄了。随着一阵阵秋风徐徐吹来，片片树叶旋转着落下。落叶归根既是生命的终结，更是重生，默默地诠释着龚自珍老先生“落红不是无情物，化作春泥更护花”的生命境界，这是落叶对大地的深情。当我的脚踩在厚厚的落叶上，树叶发出了窸窸窣窣的声音，我在用心聆听，因为我知道那是它们生命的绝唱和重生的开始。

刘禹锡在《望洞庭》一诗中写道："湖光秋月两相和，潭面无风镜未磨。"这可以看作是土海的真实写照！土海湖泊的水可真清真亮啊！它们如晶莹剔透的翡翠闪烁着美丽的光泽，令人惊叹不已。秋日的阳光下，微风拂过湖面，掀起了层层涟漪，湖水变得波光粼粼，满目金灿灿，像鱼鳞，像碎金，又像跳跃的音符，让人心旷神怡。

四季更替，土海迎来了北风呼啸的冬天。沿海的风是凛冽的，这时的土海仿佛着上了一层冷色调，在尘世中静默着，静默着。当你望着那盈盈湖面，发现它们简直就像是一颗颗冷绿的宝石，又像冬的眼睛，是用寒风的冷意淬炼而成，深深地凝视到你的心中。这是不同于春夏秋的土海的另一种美。

太阳出来了，游人们循着太阳的脚步出来了。这时，冷寂的土海变得热闹了些。晒着太阳，大家的心里暖洋洋的，不由生出些春意来。

我在湖畔边漫步时，一簇簇鬼针草映入眼帘，让我精神为之一振。它们是草丛里最不起眼的，但快乐地举起那一朵朵小花，在风中不停地点头致意，让我的心情受到感染，不觉嘴角上扬，无声地笑了。

湖畔旁边的黄槐树也盛开了，花开金灿灿惹人眼，怒放在枝头，明艳动人似满树黄金，在绿叶的映衬下，很是赏心悦目。它们的枝条不舍地贴在湖面上，随风摇摆着款款的腰肢，像春天那样动人。我想，再冷的冬天，生命的热流也会不停息地奔涌着。这是冬天的土海给我的生命启示。

岁月无声流逝，看不尽的土海四季美好风光。她那温柔凝滑的波纹，时常荡漾在我的梦中，让我越发喜爱、依恋。我想，土海恰如一块璞玉，不断地被世人雕琢着，如今的她雏形已然美丽，最终的模样又会是怎样的呢？我期待着并等待着她能大放光芒、惊艳世人的那一天！

鹭翔土海

谢顺航

木兰溪从戴云山脉发端，九曲十八弯，到了闽中莆仙地区，似乎进入“大乘境界”，敷衍出溪河密布，鱼米满仓的南北洋平原。其中，木兰溪一支分流，行至笏石境内，流连徜徉，遂成千亩天然湿地，古称“国清塘”，俗称“土海”。

不觉间，土海成了城市湿地公园，来此游玩的也人渐渐多了。

公园距我的单位仅百步之遥。经常路过，我却很少进去看一看。今天和一群写文章的朋友进去，发现公园里有不少让人回味的人文景点，木亭、草庐、石桥、喷泉、香樟林、桃花林、紫荆花林，等等。值得一提的是，在南面的湖边新建起一条长长的实木栈道。漫步其中，眼前是湖泊，远处是错落的楼群，天际是南方的山峦，一切如此静好。

一位朋友高兴地说，她最喜漫步栈道的感觉，实木让她仿佛亲近自然，木头的声音很悦耳。今天，本是小雨天气，说着话时，头顶上就掉了几点雨滴。另一位朋友，赶忙撑出一把花伞。恰好她穿着红衣，又步履款款，大家打趣说：油纸伞在雨中走，看景人自己也成了风景。我们在园里随意游走，步行道随着湖岸走，迂回曲折，置身其中，身转景移，别有情趣。途中，乔木与灌木搭配，亭阁与拱桥相连，湖水和柳树相映，另有几栋现代建筑夹在梅兰竹菊之间，而不显得突兀，现代与自然，人文与历史交织在此，设计者的匠心可窥一斑。

已是隆冬季节，虽在温暖的南方，也见些许萧瑟和轻寒，一些新植的乔木，紧缩着脖颈，看不见一丝绿叶冒出，让人疑心这些新栽的树木是否还存活。

水是思念成瘦，几乎见了底，更恼人的是“水葫芦”在夏天的季节疯狂滋蔓，几乎盖住了薄薄的水面，这种侵略性的物种，引起众友人的“口诛沫伐”。即便如此，此刻“水葫芦”也在萧瑟的寒风中，露出畏寒的神色及无力扩张的疲态，呈现一湖的“枯枝败叶”。雨又下了数滴，我们差点想草草收兵，打道回府。

“看，那是什么！”一个年少的朋友站在步道上，高叫一声。我们遂往湖面上望，一些纯白色的花瓣，散落在不远处。在阴天、小雨、苦寒下，这些花瓣犹如暖春，令人眼前一亮。我们纷纷加快脚步，走到这些白色花瓣跟前，想探个究竟。这时候，一些花瓣，忽然长出了翅膀，瞬间起飞，一只、两只，一群……于是，眼前略显灰暗的空间就“着火了”，先是一点零星的明火，然后是一簇簇白色火焰。

“是白鹭！”一位年长的朋友说，“以前，这里的白鹭很多，有一阵子几乎消失了，最近几年又多了起来。”此刻，因为冷雨，天地之间有些灰暗，鹭鸟们雪白的羽毛，仿佛春天的翅膀，一扫灰浊的空气，寒冷的水泊，毅然决然地振翅飞翔。她们一身洁白如雪，恰似圣洁的女神，我们几乎看呆了。我认识的鸟不多，但是此前，也在动物园、宠物店见过部分稀珍鸟禽，但是总觉得似有所缺，到底是缺什么，一时讲不清楚，也许是缺乏自由翱翔的元素，也许是缺乏傲然自洁的品性。对，应该是包含这些原因。你看，白鹭那修长的腿儿，细长的脖儿，不就是一个高蹈于日常生活，神游在自由空间的隐喻么？

在寒冷湖面上，我们看到了几只野鸡、野鸭在水中浮游，或者在草丛里窜动。又看见有一两只麻雀，扑棱着从树间一闪而过，总感觉这些动物猥琐、小气，不如眼前的白鹭圣洁、大方。我几乎被这些天地的精灵所迷住，摄像机咔嚓咔嚓地拍着，希望能留住这些小生灵们的靓影。

白鹭或在浮萍上停歇，或群起翻飞，发出低促的鸣叫，我们总是奢望和它们靠得更近些，希望和它们合个影什么的。但是，当我们抬脚试图接近时，这些像观音手中净瓶儿的小鸟们总是纷纷离开，往湖中央走，如是者再三，无法遂愿，它们始终和我们保持一定距离，仿佛无法抵达的精神彼岸！略感遗憾的同时，我们又发觉在商业浓郁的土地上，这种清醒的拒绝岂不显得尤为可贵么?

那天，我和朋友在公园里逗留了许久，也看了不少风景，但是，这群白鹭像印章一样，戳在心里了。

土海走笔

肖海英

上善若水，水生万物，是生命之源。

一条河流从城中穿过，是自然给城市的馈赠，更是两岸居民的福祉。对秀屿这座新港城而言，土海就是一条这样的河流。在政府的整治改造下，如今的土海，山更绿，水更清，白鹭在河中嬉闹，每一朵碧波都荡漾着幸福。

每逢周末无事，我就和家人来访土海。有时游玩散步，有时运动健身，有时两者皆有……雨过天晴，稀薄的云层将雨水洗过的天空抬得更高更远。一路上，看惯了的树木、草坪、建筑物匆匆掠过车窗，穿过横亘在土海南面宽阔平坦的清塘路，就到了土海。依次林立的欧式灯柱，迎风葱茏的景观树早已青黄相间，恣意飞扬的喷泉，刻在入园大门巨石上红色醒目的六个大字——土海湿地公园。

其实，土海并不“土”，原名国清塘。据有关史籍记载，开凿于唐代贞观五年（631 年）的土海，是莆田南洋水系的组成部分，由木兰溪支流扩建而成，水域面积近 200 公顷。因地处低洼地，塘底原为田土，又与兴化湾海水相通，故民间俗称其“土海”。

据《新唐书》记载，国清塘四周原有清泉、沥浔等五个池塘。可以想象，在当时陆路交通尚不发达的年代，这一条四通八达的水上通道，一叶叶扁舟，晃晃悠悠，迎来送往中，承担起方便交通、灌溉农田、防涝抗旱等造福百姓的重担，也撑起一条崛起的经济商脉。

土海宽广的湿地面积和美丽的生态环境，也吸引了白鹭等大量飞鸟来栖息、繁殖。因此，清塘栖鹭是新入选的“莆田二十四景”之一。遥想当年国清塘，农舍星散，波光粼粼，鸥鹭翱翔，轻舟穿行，山光水色，活脱脱一幅舒展开来的田园牧歌山水画。

沿湖逶迤的红色步道，蜿蜒在绿树繁花之中，漫步其中，但见柔枝吻波，廊桥临水，只觉凉风习习，轻寒漠漠，恍如进入一个野隐的世界，不禁心旷神怡。极目四望，挤挤挨挨成林的树木，它们大大小小，高高低低，洋洋洒洒地在人们的视野里肆意铺展开来，一阵寒风掠过，绿起了波涛。鸟儿叽叽喳喳地在枝头、林间闹腾，许是在这天堂被快乐宠惯了，老是藏不住喜悦。

一种生态，也是一种景致。

土海的水，许是浸染了些许初冬的意味吧。虽缺少春夏季节满盈盈的丰腴可爱，相思成瘦，却依然柔美得很；如捧心的西子，眉眼微蹙，带着些忧郁，伫立在金黄色的光晕里，显得媚而不俗，矜而不拘，别具一番神韵。

难道这样的温婉就是土海的形态？视野之中，蓝天白云，橘黄色的斜阳余晖在湖畔茂盛的芦花上、水草上泛着迷离的光泽，湖面波光粼粼，芦草掩映间的土海，将冬的深意一片片涂抹出来。白云、树林、高楼、芦草，都像爱照镜子的美人，一起挤聚到水面，一粼粼，一蓬蓬，如梦如幻的倒影，像印象派的画作，在水面淡淡地洇染开来，在你眼前映现。

湖水在脚下轻轻荡漾，含情脉脉就像慈母拍着将睡未睡的婴儿。湖面漫溢着一片片的水葫芦，它们一丛丛抱合着在一起，手指粗的枝茎顶着碧绿的叶子，野心勃勃的，就像贪玩的孩子，一味只想溜过塘去。耐不住寂寞的小鱼时而跃出水面捣乱一下，待要细看时一转眼又不见踪影。

我突发奇想，此刻若是盛夏，湖上的“水葫芦”是荷花，那么，撑一把桨，驾驭一叶扁舟，穿梭在田田的荷叶、艳艳的荷花中；或是坐一画舫于湖上悠游，定然别有一番情趣。但是，满湖荷香此时虽已无踪，一城山色在晴空下却更加明朗。这时候，徜徉于此，心里一片安闲，所有的杂念早随风飘飞。这意境，迎风立于平坦的湖畔，把自己想象成山水画中的人物，让自由的风恣意抚撩起你的长发或衣襟，你可感受萧瑟的诗趣，亦可作种种幽邈的遐想。

站在湖畔，放眼望去，高高的新楼盘、新建筑与湖一路之隔，一字排开，巍然矗立于湖的南面。身后，湖岸周遭星散着几个小村落。它们或隐匿于树丛中，或突兀于芦苇后。在这满眼婆娑的绿意里，木栈道像一条金黄色的巨龙横卧在湖畔，十分醒目。

想起上次与一群文友在这木栈道上漫步，他们都走远了，按捺不住喜悦的我还在来回踱步，倾听脚丫敲击木板时发出的“咚咚”声。我最喜漫步木栈道，自小在父亲造船厂长大的我，对木头发出的声音有一种温暖的亲切感觉。再往远看，远山含黛迷离，寒烟轻浮，呈现给我的是一种异样的恬静柔美，妙不可言，真是诠释了温柔如水这个词语的含义。

徜徉在草色丰美的湖畔，我们的脚步与谈笑声，惊起一滩白鹭。“扑棱棱、扑棱棱”的扇翅声此起彼伏，矫捷轻灵的白色身影争先恐后地飞跃起来，在静如冬眠的湖面划开一道波痕，现出涟漪。想起李清照《如梦令》里的词句：“争渡，争渡，惊起一滩鸥鹭。”此刻，我们无意争渡，却依然惊起一滩白鹭。奇怪的是，湖里的白鹭许是舍不得离开这方祥和静谧的乐土，舍不得这自在惬意的悠闲生活，他们并不飞走，只是飞得离我们稍远一些。眨眼间，又像一团团棉絮纷纷飘落回湖里，重新三五成群地聚在一起悠游。水天相接处，这些小精灵就像一朵朵雪花在碧波中飞舞、盛开，又像一颗颗珍珠在碧玉盘中跳跃，给秋日的土海增添了几许灵韵。

土海，在冬日的柔光下清澈透亮，像一颗镶嵌在秀山福屿里的蓝宝石，既有大海的胸怀和气魄，又有湖泊的柔美和婉约，那样纯净，那样美丽。不仅仅是深秋，土海能献给大自然含蓄的美。其实，一年四季，她都是一幅江南水乡的田园风景图——春天，几百亩桃花海让你尽享“桃之夭夭，灼灼其华”，如入“桃花源”而心旷神怡；夏天，荡舟湖上恣意感受“莲叶何田田，鱼戏莲叶间”，令人身临“荷塘月色”而流连忘返；秋天，“落霞与孤鹜齐飞，秋水共长天一色”的诗情画意定叫你恋恋不舍，意犹未尽。“古树高低屋，斜阳远近山。林梢烟似带，村外水如环。”这几句描写土海的古诗就是土海田园风光的真实写照。

游览土海，如果没有阅读并感知名人志士、文人墨客的心灵契合，那所谓的山山水水就了不足为观了。穿越千年，自唐贞观年间开凿，土海作为莆阳一大景观，在《新唐书》《八闽通志》《兴化府志》等古籍中均有记载，既深受治史者青睐，也深受文人墨客的喜爱。

许多先贤文人或慕名纷沓而来流连不去，或吟诗作赋一抒豪情，留下许许多多赞颂国清塘迷人风光的诗句。宋朝理学大师、“南夫子”林光朝在《城山国清塘》里以“小舟塘外月溶溶，渔歌忽断荷花风”描画了土海美景；宋朝进士李亭山在《城山国清塘》中以“平田一水自萦回，喜见兹塘亦壮哉！夏潦久收犹浩渺，壶山近看更崔嵬”展现了土海风光；宋绍兴国子监主簿郑耕老的诗句“六月国清塘上望，依稀身更在西湖”直接把土海比作西湖；宋朝殿中侍御史郑伯玉用“湖光渺渺漾轻舟，节近清明水木幽。尽是海风吹酒面，有时柳絮惹人头。云间列岫晴如画，野外新桑润似油”勾画出土海风姿；知州陈池养更是以一首《濯缨亭》描绘出土海风光……

土海地方不大，却能虏获那么多文人墨客的欢心，她的魅力可见一斑。

土海是幸运的。当时轮越入新时代，每一次来访土海，我都惊喜地发现她和她所处的这片新港城一样，正在发生日新月异的蜕变。疏浚湖床、清淤除污、整湖修园……土海得到了前所未有的开发和保护，每一个角落都呈现绿色和青春，方寸之间都如此深情和动人。

沿湖漫步，迎面而来的，无论是牵手而行的银发老人，还是嬉闹追逐的顽童，无论是窃窃私语的恋人，还是其乐融融的一家人，无论是那一群神采奕奕地打太极拳的中老年人，还是那些聚在一起大声谈笑风生的年轻学生……每一个擦肩而过的人，脸上都洋溢着甜蜜愉悦的笑容。

路遇两个白发老人，在一个中年女子和一个小男孩的搀扶下稳步前行，中年女子正和老人说：“爸，妈，我现在白天上班，晚上就来这里跳跳舞，有空和你们来散散步，咱这生活，那叫幸福得没话说啊！”女子满脸笑容。

在这里，美好生活被人们熊熊点燃，幸福的好日子在洋洋得意。我不禁对身边先生说：“真是幸福的一家人！”中年女子耳尖，转身看见我们，笑着说：“你们也是啊！”闻言恍然，是啊！回归现实，用心体会，我们的生活又何尝不是如此呢？幸福不就在身边，在每个擦肩而过的路人身上吗？不由得想起卢梭的“追求幸福乃是人类活动的唯一方向”，追求没有终点，对水资源的呵护也须久久为功。

“仁者乐山，智者乐水。”精心呵护身边的山水林田湖草，让每一滴水都奔向幸福的河湖，让每条河、每个湖都造福人民，让人水和谐一直流淌荡漾。

不知不觉间，夕阳归西，土海静静沉入梦乡，我们正好踏上幸福的归途。

土海遐想

郑丹凤

十月的土海，深秋的韵味依然浓厚。也许是因为这里有更高远的蓝天，宽阔的水域和不败的花木。所以，入冬是困难的。

选择一处树荫坐下，看不见土海的全貌，但能感受到她博大的气息。土海是那么浩渺，以至于被冠以“海”的昵称。但她是一方水塘，或者说是一面人工湖，并不是天然的海。也许对当时居住在平地的人们来说，这样大面积的水域，夹杂着泥沙田土，看上去宽广如海，所以便称其为“土海”吧。

土海的水是那么平静——“镜样湖光照眼明，无风无浪水如光”，透着一种清澈明朗的气质，水中不时凸起一个个绿色小丘，看上去宛如一幅江南的水墨画。

坐在这里，我们可以想象：1300多年前的一天，朝廷采取休养生息政策，各地开始兴修水利，发展农业。莆田的先民也响应号召，开挖水塘，围垦造田。作为木兰溪的一条重要支流，开凿国清塘的工程量是如此浩大，历时五年才最终完成。建成后的土海是多么的环境怡人，风景如画，以至于历代诗文好评如潮，更是被捧上“依稀身更在西湖”的高度。

我们还可以想象：初建的国清塘绝不仅仅是今天我们看到的规模，不然不会有“周回三十里，溉田五百顷”“澄碧万顷，壶山、谷城山倒映其中”之记。木兰陂水利工程的建成，与国清塘同名的其他五方水塘俱废为田。到元代，甚至国清塘“亦废为田矣”。所幸的是，也许在南洋水系中发挥着巨大的作用，国清塘终究被保留下来。

让我们再把目光调转回中华人民共和国成立之初，那时人们种田的热情肯定是高涨的。他们提着戽桶戽水，或踩着水车拉水，灌溉农田的时候土海边必定是一片热闹。也许晨光熹微时有人就来了，那时的日光与白鹭有多么美；等到暮色四合，人们陆续归家，那时草木与沃野又该有多么酣畅！

当农业发展到一定程度时，畜牧、养殖一定也会紧随其后。据说，土海养殖高光时刻，鱼捕捞量每年达 1000 担左右，而凤尾鱼更成为当地一绝。只是不知道今天，土海里是否还有许多名字好听、生活幸福的鱼。当旱路不便时，水路一定有它繁忙的日子。有了土海，必定有了其他互通的沟渠。站在这里，可以遥想汽笛声响起，人们赶集、进货、访亲走友的情景……

今天，“土海”作为一个古老的名词，已获得了全新地位。土海湿地公园是一座年轻的公园，也是莆田首座湿地公园。湖光水色、日照云烟、草木飞禽依旧在，只是植入了更多的花草树种，增添了跑道、灯光、栈道和凉亭。她已经褪去了农业的底色，拥有了一个响亮的城镇化的名字。或者我们可以这样理解，在时代的发展中，土海也更新了自己的身份。

春天，格桑花开时会有年轻的妈妈带着孩子来拍照。夏天，醉蝶花总是把每一个女人的背影映衬得非常美丽。秋，有波斯菊和紫牵牛的漫野绽放。冬天，仍有三角梅在不倦地开放。但对于一座湿地公园来说，最美的仍是水。那浅绿的水，那秋意的水，那热烈的水，那丰腴的水。水，是土海最重要的气质。

“蒹葭苍苍，白露为霜。所谓伊人，在水一方。”《诗经》里，把水写到美的极致。有水的地方有芦荻青青，有水的地方有温婉的女子。古人喜欢逐水而居，有水，有生命；有水，有音乐；有水，有爱情故事。

当然，有水，才有幸福的生活。

土海不土，花开成海

翁舒苗

土海，一个诗意而神秘的名字！让人不禁想起《徐霞客游记》中的“滇山唯多土，故多壅流成海”。土海其实一点儿也不“土”，多少文人墨客为她的美与好所动容，写下一首首礼赞的诗歌。

千顷湖泊白鹭飞，百亩醉蝶紫花舞。
桃岛粉嫣似娇娘，小桥流水聆乡音。

位于秀屿区的土海湿地公园历史源远流长，文化底蕴深厚。据《福建水利志》记载：“土海”开凿于唐代贞观五年（631年），由木兰溪支流扩建而成，取名“国清塘”。因该塘处于低洼地，塘底原为田土，泥沙较多，又与兴化湾海水相通，故民间称其为“土海”。

土海湿地公园规划以“心、肺、肾、智、神”为设计理念，根据风景资源的属性、特征及场所功能的定位，将湿地公园游览区用地划分为七大功能板块区域，分别是入口景观区、休闲娱乐区、科普区、科研区、接待区、湿地净化展示区、隔离林带。在这七个区域中，不同的空间体验和文化内涵及功能蕴含其中，给游客带来丰富的视觉感受和情感融通。

每年不同的月份，不同的花季，土海，花开成海。

春天来时，她是粉粉的格桑花海；夏天，则是紫色的醉蝶花海；到了秋季，她又变成了波斯菊海；待冬至春归，她又成了世外桃源般的桃花岛……

来到土海湿地公园，阳光照耀下的宽阔水面，波光粼粼，在和风爱拂下，漾起层层縠纹。芦苇丛里聚集着许多白鹭，时而展翅高飞，时而低空掠过水面。漫步在绿色悠长的栈道上，左侧是碧波荡漾的湖泊，右侧是古色古香的凉亭。

百亩醉蝶花竞相绽放，游人漫步于花间；岸上草木葱郁，湖中碧波荡漾，鹭鸟翩跹。小船悠悠，两岸绿油油的田园散发出稻花清香，河塘里草丰鱼鳜，一派江南鱼米之乡景致；小桥流水，垂柳阡陌，飞鸟来栖，荷塘月色尽收眼底；泛舟畅游，领略红砖碧瓦的乡村气息，也能想象那些古驿站的繁华景象。在这里，处处是人与自然和谐共生的图景，美不胜收。

午后，是年轻人来这里露营的最佳时间。在湖边的草地上铺上格子地毯，摆上甜品、点心，一起唱着歌、聊聊天、拍一组出圈的照片，远处还有孩童愉快地放着纸鸢。伴着土海美丽的景色，在凉风习习中一起玩闹，直到夕阳落下，玉盘挂起……

夜幕四合，华灯初上。秀屿土海湿地公园夜景显得格外时尚美丽，盛大的石头秀和水幕秀，广场上跳着舞的队伍，琳琅满目的夜市小吃，吸引众多周边市民前来游玩、散步和大快朵颐。

如今的土海，已然成为市民休闲娱乐的网红打卡地。

土海悠悠千余载，风雨澎湃赤子心。土海不土，花开成海。土海湿地公园将造福一代又一代莆仙人，为莆田抒写更加美丽的华章！

本书得到福建省水利科技项目（MSK202403、MSK202404）课题组的支持。

封面摄影：蔡昊